Estudo Dirigido de
Microsoft Excel® 2013

André Luiz N. G. Manzano

Estudo Dirigido de Microsoft Excel® 2013

1ª Edição

Av. das Nações Unidas, 7221, 1º Andar, Setor B
Pinheiros – São Paulo – SP – CEP: 05425-902

SAC
0800-0117875
De 2ª a 6ª, das 8h00 às 18h00
www.editorasaraiva.com.br/contato

DADOS INTERNACIONAIS DE CATALOGAÇÃO NA PUBLICAÇÃO (CIP)
(CÂMARA BRASILEIRA DO LIVRO, SP, BRASIL)

Manzano, André Luiz N. G.
 Estudo dirigido de Microsoft Excel® 2013 / André Luiz N. G. Manzano. -- 1. ed. -- São Paulo : Érica, 2013. -- (Coleção PD. Série estudo dirigido)

Bibliografia.
ISBN 978-85-365-0449-0

1. Microsoft Office Excel 2013 (Programa de computador) I. Título. II. Série.

13-00970   CDD-005.369

Índices para catálogo sistemático:
1. Microsoft Office Excel 2013 : Computadores : Programas : Processamento de dados   005.369

Copyright© 2013 Saraiva Educação
Todos os direitos reservados.

Vice-presidente	Claudio Lensing
Gestora do ensino técnico	Alini Dal Magro
Coordenadora editorial	Rosiane Ap. Marinho Botelho
Editora de aquisições	Rosana Ap. Alves dos Santos
Assistente de aquisições	Mônica Gonçalves Dias
Editoras	Márcia da Cruz Nóboa Leme
	Silvia Campos Ferreira
Assistentes editoriais	Paula Hercy Cardoso Craveiro
	Raquel F. Abranches
	Rodrigo Novaes de Almeida
Editor de arte	Kleber de Messas
Assistentes de produção	Fabio Augusto Ramos
	Katia Regina
Produção gráfica	Sergio Luiz P. Lopes
Capa	Maurício S. de França
Impressão e acabamento	PSI7 - Printing Solutions & Internet 7

1ª edição
4ª tiragem: 2017

Autores e Editora acreditam que todas as informações aqui apresentadas estão corretas e podem ser utilizadas para qualquer fim legal. Entretanto, não existe qualquer garantia, explícita ou implícita, de que o uso de tais informações conduzirá sempre ao resultado desejado. Os nomes de sites e empresas, porventura mencionados, foram utilizados apenas para ilustrar os exemplos, não tendo vínculo nenhum com o livro, não garantindo a sua existência nem divulgação.

A Ilustração de capa e algumas imagens de miolo foram retiradas de <www.shutterstock.com>, empresa com a qual se mantém contrato ativo na data de publicação do livro. Outras foram obtidas da Coleção MasterClips/MasterPhotos© da IMSI, 100 Rowland Way, 3rd floor Novato, CA 94945, USA, e do CorelDRAW X6 e X7, Corel Gallery e Corel Corporation Samples. Corel Corporation e seus licenciadores. Todos os direitos reservados.

Todos os esforços foram feitos para creditar devidamente os detentores dos direitos das imagens utilizadas neste livro. Eventuais omissões de crédito e copyright não são intencionais e serão devidamente solucionadas nas próximas edições, bastando que seus proprietários contatem os editores.

Nenhuma parte desta publicação poderá ser reproduzida por qualquer meio ou forma sem a prévia autorização da Saraiva Educação. A violação dos direitos autorais é crime estabelecido na lei nº 9.610/98 e punido pelo artigo 184 do Código Penal.

CL   640391   CAE   572337

Fabricante

Produto: Microsoft Excel® 2013
Fabricante: Microsoft Corporation
Site: <www.microsoft.com>

Endereço no Brasil
Microsoft Informática Ltda.
Av. Nações Unidas, 12901 - Torre Norte - 27º andar
04578-000 - São Paulo - SP
Fone: (11) 4706-0900
Site: www.microsoft.com.br

Requisitos de Hardware e de Software

Hardware

- Processador x86 ou x64, de 1 GHz ou mais veloz, com conjunto de instruções SSE2.
- Placa de vídeo compatível com DirectX 9, operando a uma resolução de 1024 x 768 ou superior.
- 3 GB disponíveis de espaço em disco rígido.
- Mouse.
- A aceleração do hardware de vídeo exige uma placa de vídeo DirectX 10 e resolução 1024 x 576.
- 1 GB de RAM (32 bits); 2 GB de RAM (64 bits).
- Drive de DVD-ROM.
- Modem e acesso à Internet.
- Um dispositivo sensível ao toque é necessário para qualquer recurso multitoque. No entanto, todos os recursos e funções estão disponíveis para uso de teclado, mouse ou outro dispositivo de entrada padrão. Observe que os novos recursos de toque estão otimizados para serem usados no Windows 8.

Software

- Sistema operacional Windows 7, Windows 8, Windows Server 2008 R2 ou Windows Server 2012.
- Versão 3.5, 4.0 ou 4.5 do .Net Framework.
- Acrobat Reader 8 ou versão mais recente.
- Microsoft Internet Explorer 8, 9 ou 10; Mozilla Firefox 10x, ou versão mais recente; Apple Safari 5; ou Google Chrome 17.x.
- Microsoft Excel® 2013.

Dedicatória

Em especial, à minha família, que sempre me apoiou, sabendo que o caminho que escolhi era certo, responsável e digno.

Às pessoas especiais que sempre fizeram parte da minha vida, como os amigos fiéis que sempre me cercaram, mesmo aqueles que nada sabiam de informática.

Aos brilhantes profissionais da Editora Érica, que sempre ajudaram em tudo.

Aos executivos tomadores de decisão, aos colegas consultores, aos professores em geral e aos alunos que se beneficiarão do livro.

Aos colegas de profissão e de empresa, aos meus mestres e aos meus alunos.

A todos vocês, dedico este livro!

Confia no Senhor e ele cuidará de ti,
endireita teus caminhos e espera nele.

Eclo 2,6.

Agradecimentos

Agradeço aos meus pais e aos meus irmãos. A unidade familiar é muito importante, pois sozinhos neste mundo não somos nada!

Quando há soma de valores e de conduta, exemplificada de formas tão peculiares, sendo possível percebê-las e utilizá-las, vê-se um dos pequenos sinais de que estamos em constante evolução.

Muito obrigado a todos vocês!

Sumário

Capítulo 1 - Introdução **19**
    1.1 Convenções 20
    1.2 Capítulos 21
    1.3 Objetivo da Coleção 21
    1.4 História da Planilha Eletrônica 21

Capítulo 2 - O Que é Planilha Eletrônica? **25**
    2.1 Planilha Eletrônica 26
    2.2 Excel 2013 com o Windows 7 26
    2.3 Excel 2013 com o Windows 8 26
    2.4 Apresentação da Nova Interface 27
    2.5 Faixa de Opções 27
        2.5.1 Guias 28
        2.5.2 Atalhos 28
        2.5.3 Grupos e Botões de Comando 29
        2.5.4 Guias Sensíveis ao Contexto 29
        2.5.5 Arquivo 29
        2.5.6 Barra de Ferramentas de Acesso Rápido 30
        2.5.7 Iniciadores de Caixa de Diálogo 31
        2.5.8 Área de Trabalho 32
        2.5.9 Barra de Status 32
        2.5.10 Barra de Fórmulas 32
        2.5.11 Caixa de Nome 32
    2.6 Dimensões da Planilha 33
        2.6.1 O que é uma Célula? 33
    2.7 Como Movimentar o Cursor pela Planilha 33
    2.8 Teclas de Função Mais Comuns 34
    2.9 Comandos de Edição 35
    2.10 Como Entrar com Dados na Planilha 35
        2.10.1 O que são Títulos 35

2.10.2 O que são Valores..36

2.10.3 O que são Fórmulas...36

2.11 Seleção de Células, Linhas e Colunas 37

Capítulo 3 - Como Criar uma Planilha de Uso Prático 39

3.1 Planilha de Orçamento Doméstico.. 40

3.2 Salvar a Planilha 41

3.3 Procedimento de Cálculo..43

3.3.1 Uso da Função =SOMA 43

3.4 Formatar a Planilha...45

3.4.1 Alargar a Coluna...45

3.4.2 Formatar Valores Numéricos 46

3.4.3 Alinhar os Títulos..46

3.4.4 Alinhamento Especial 47

3.4.5 Alterar o Tipo de Fonte...48

3.5 Definição dos Demais Meses..48

3.5.1 Uso Inicial do AutoPreenchimento...49

3.5.2 Conclusão da Primeira Planilha 49

3.5.3 Ocultar as Grades da Planilha 53

3.5.4 Seleção Simultânea entre Áreas Diferentes 54

3.5.5 Trabalho com Molduras..54

3.5.6 Trabalhar com Cores 54

Capítulo 4 - Preparação de Outras Aplicabilidades.. 57

4.1 Cópias...58

4.1.1 O que são Cópias Relativas?..58

4.1.2 O que são Cópias Absolutas?...59

4.2 Planilha de Controle de Estoque...61

4.2.1 Como Quebrar Texto na Célula...63

4.3 Operadores Relacionais...64

4.4 Análise Primária de Problemas 64

4.4.1 Como Usar a Função =SE 65

4.5 Ampliar Uso com Outras Funções...67

4.5.1 Função =SE com Três Respostas...68

4.6 Criar uma Planilha..69

4.7 Estrutura das Funções 69
4.8 Utilização de Funções 72
4.9 Funções Matemáticas e Trigonométricas 72
    4.9.1 Função =ABS 72
    4.9.2 Função =ARRED 73
    4.9.3 Função =ARREDONDAR.PARA.BAIXO 73
    4.9.4 Função =ARREDONDAR.PARA.CIMA 74
    4.9.5 Função =INT 74
    4.9.6 Função =TRUNCAR 75
    4.9.7 Função =LOG 76
    4.9.8 Função =LOG10 76
    4.9.9 Função =MOD 76
    4.9.10 Função =PAR 77
    4.9.11 Função =ÍMPAR 77
    4.9.12 Função =PI 78
    4.9.13 Função =RAIZ 78
    4.9.14 Função =ROMANO 78
    4.9.15 Função =SOMA 79
4.10 Funções Estatísticas 79
    4.10.1 Função =CONT.NÚM 80
    4.10.2 Função =CONT.VALORES 80
    4.10.3 Função =CONTAR.VAZIO 81
    4.10.4 Função =CONT.SE 81
    4.10.5 Função =SOMASE 82
    4.10.6 Função =MAIOR 83
    4.10.7 Função =MENOR 83
    4.10.8 Função =MÉDIA 84
    4.10.9 Função =MÁXIMO 84
    4.10.10 Função =MÍNIMO 85

Capítulo 5 - Criar Planilha de Projeção de Vendas 89
5.1 Criação da Planilha de Projeção 90
5.2 Marca Inteligente 91
    5.2.1 Cópia de Faixas de Células: Origem e Destino 92

5.3 Agilizar as Entradas e Mudanças de Dados 94
    5.3.1 Incluir Colunas nas Planilhas 95
    5.3.2 Correção da Fórmula 96
    5.3.3 Estouro 97

Capítulo 6 - Planilha de Controle de Comissão 101
6.1 Criar uma Planilha e suas Referências 102
6.2 Como Usar a Função =PROCV 105
    6.2.1 Função =PROCV 105
6.3 Preparação da Segunda Parte da Planilha 106
6.4 Uso de Guias na Planilha 108
6.5 AutoPreenchimento 109
6.6 Uso Prático da Função =SOMASE 110
6.7 Formatação Condicional 112
    6.7.1 Mudança de uma Regra Aplicada 114
    6.7.2 Algumas das Diferentes Formatações Condicionais 116

Capítulo 7 - Trabalho com Base de Dados 119
7.1 Conceito de Base de Dados 120
7.2 Classificação de Registros 120
    7.2.1 Classificação por Campo 120
    7.2.2 Classificação por mais de um Campo 121
    7.2.3 Classificação por Formatação Condicional 123
7.3 Filtragem dos Registros 125
    7.3.1 Filtrar mais de um Campo 127
    7.3.2 Filtro Aplicado pela Formatação Condicional 128
7.4 Recurso Tabela em Base de Dados 129
    7.4.1 Aplicar Formulário pela Tabela 129
    7.4.2 Congelamento Automático dos Nomes de Campo 130
    7.4.3 Cadastro de um Novo Registro 131
    7.4.4 Adicionar Elementos Informativos à Tabela 132
    7.4.5 Filtrar Registros 135
    7.4.6 Eliminar Registros 135
7.5 Alterar o Layout da Tabela 136
    7.5.1 Copiar uma Folha de Cálculo 137
7.6 Desfazer Tabela e Retornar como Intervalo 138

Capítulo 8 - Gráficos **143**
    8.1 Criar Gráficos na Planilha 144
        8.1.1 Alterar Elementos do Gráfico 146
        8.1.2 Tamanho das Fontes 146
    8.2 Mover Gráfico para a Folha Gráf1 146
        8.2.1 Exibir Eixos em Milhares 149
    8.3 Alterar Escalas 150
        8.3.1 Alterar a Aparência das Grades 151
    8.4 Criar Gráfico com Áreas Alternadas 152
        8.4.1 Alterar o Tipo de Gráfico 154
    8.5 Gráfico Tipo Setorial (Pizza) 154
        8.5.1 Aplicação de Elementos Informativos no Gráfico 155
        8.5.2 Explodir Fatias do Gráfico do Tipo Pizza 156
        8.5.3 Como Unir Fatias Explodidas 157
    8.6 Criar um Gráfico de Linhas 157
    8.7 Gráfico de Colunas Empilhadas 159
        8.7.1 Ordem dos Dados no Gráfico 159
        8.7.2 Mudar a Posição da Legenda no Gráfico 160
        8.7.3 Mudar Cores do Gráfico 161
        8.7.4 Apresentar Dois Gráficos Diferentes no Mesmo Gráfico 162

Capítulo 9 - Impressão de Relatórios e Gráficos **165**
    9.1 Imprimir a Planilha Inteira 166
        9.1.1 Economia de Papel: Impressão no Vídeo 166
    9.2 Selecionar Corretamente a Faixa de Impressão 168
    9.3 Desfazer a Área de Impressão 169
    9.4 Alterar o Parâmetro de Impressão 169
    9.5 Imprimir a Planilha e o Gráfico 170
    9.6 Imprimir Gráfico 171
    9.7 Comando de Impressão e sua Configuração 172

Capítulo 10 - Uso Útil de Comandos Especiais **173**
    10.1 Congelar Painéis 174
    10.2 Descongelar as Janelas 175
    10.3 Esconder Dados na Planilha 176

10.4 Ocultar Células 176
10.5 Exibir as Células 177
10.6 Ocultar Coluna ou Planilha 178
10.7 Exibir Coluna Oculta 179
10.8 Criar Senha de Proteção 180
10.9 Desfazer uma Senha 181
10.10 Planilha Protegida com Algumas Áreas Editáveis 181
10.11 Senha de Arquivo 183
10.12 Desfazer a Senha de Arquivo 184
10.13 Fixação dos Arquivos e Pastas 185

Capítulo 11 - Criar Planilha de Consolidação 187
11.1 Preparação da Nova Planilha 188
11.2 Consolidação de Valores 192

Capítulo 12 - Dicas e Curiosidades 195
12.1 Personalizar a Barra de Status 196
    12.1.1 Opções do Excel 2013 197
    12.1.2 Configurar os Locais dos Arquivos 198
12.2 Ajuda do Microsoft Excel 2013 199
12.3 Algumas Teclas de Atalho 200
12.4 Combinações com as Teclas de Funções 203

Bibliografia 205

Índice Remissivo 207

Prefácio

Caro(a) leitor(a),

É com imenso prazer que apresentamos o livro Estudo Dirigido de Microsoft Excel 2013.

Com a nova versão, totalmente remodelada, a Microsoft dá um passo muito grande em direção à produtividade dos usuários do aplicativo, que descobrirão mais facilmente comandos já existentes em versões anteriores.

A remodelação permite que os usuários criem suas planilhas mais rapidamente, com maior criatividade e de forma mais sofisticada, já que as novas ferramentas estão expostas na Faixa de Opções.

O livro, além de apresentar a nova interface, faz com que os leitores tenham contato com os recursos disponíveis de forma mais simples.

Boa leitura e boas surpresas com o novo aplicativo!

Grande abraço a todos.

O Autor

Sobre o Autor

Empresário, com experiência na área de tecnologia e sólida vivência em treinamentos, consultorias, *workshops*, palestras, seminários e congressos desde 1990.

De 2002 a 2005, foi palestrante da Microsoft, sendo responsável por apresentar novas soluções e tecnologias endereçadas à governança, como portais corporativos, Balanced Scorecard, Six Sigma e gerenciamento de projetos, tanto para grandes plateias como em reuniões com tomadores de decisão (discurso técnico e comercial), com foco em produtividade, colaboração e conectividade de pessoas e equipes.

Possui diversos livros expressivos na área de TI, publicados pela Editora Érica desde 1993, como *Estudo Dirigido de Microsoft Windows 8 Enterprise*, *Estudo Dirigido de Microsoft Office Word 2010 - Avançado*, *Trabalho de Conclusão de Curso Utilizando o Microsoft Office Word 2010*, *Estudo Dirigido de Microsoft Office Excel 2010* e *Estudo Dirigido de Microsoft Office PowerPoint 2010*. Atua em treinamentos técnicos, entre os quais estão Dicas e Truques com Office, Excel Básico e Intermediário, Excel Avançado, Excel - Criação e Uso de Dashboard, Project - Básico e Intermediário e Project - Avançado; treinamentos comportamentais, por exemplo, Como Receber Feedback, Como Dar Feedback, Comunicação Empresarial e Técnicas de Oratória e Apresentação; e de práticas de negócios.

Objetivo da Coleção

Esta obra faz parte da *Série Estudo Dirigido (Coleção PD)* e tem por objetivo principal servir de material de apoio ao ensino das disciplinas relacionadas às áreas de computação, desenvolvimento e tecnologia da informação. Deseja-se fornecer um conteúdo programático de aula que seja útil ao aluno e também ao professor.

Os exercícios de fixação apresentados ao final de alguns capítulos devem ser trabalhados com a supervisão de um professor, preferencialmente pelo professor responsável pela matéria, pois ele terá condições técnicas necessárias para proceder às devidas correções e apresentação de seu gabarito, além de poder criar a sua própria bateria de exercícios.

Procurou-se fazer um trabalho que não fosse muito extenso e pudesse ser usado em sua totalidade, principalmente dentro do período letivo, sem com isso tomar um tempo demasiado do leitor/aluno. Outro ponto de destaque da obra é a linguagem, pois foi o objetivo, desde o princípio, manter um estilo agradável e de fácil leitura, dosando a utilização de termos técnicos e de conceitos, normalmente considerados de grande complexidade.

> Coordenador da Coleção:
> Prof. Mestre José Augusto N. G. Manzano

Sobre o Material Disponível na Internet

O material disponível na Internet contém exercícios semiprontos do livro e respostas disponíveis em www.editoraerica.com.br para dowload

Para utilizá-lo, é necessário ter instalado em sua máquina o Microsoft Excel 2013 e Acrobat Reader 8 ou versão mais recente.

Exercícios.exe   409 Kb

Procedimento para Download

Acesse o site da Editora Érica Ltda.: www.erica.com.br. A transferência do arquivo disponível pode ser feita de duas formas:

1. **Por meio do módulo de pesquisa.** Localize o livro desejado, digitando palavras-chaves (nome do livro ou do autor). Aparecem os dados do livro e o arquivo para download. Então, clique no arquivo executável, que é transferido.

2. **Por meio do botão Download.** Na página principal do site, clique no item Download. Exibe-se um campo, no qual devem ser digitadas palavras-chaves (nome do livro ou do autor). São exibidos o nome do livro e o arquivo para download. Clique no arquivo executável, que é transferido.

Procedimento para Descompactação

Primeiro passo: após transferir o arquivo, verifique o diretório em que ele se encontra e dê um duplo clique no arquivo. Exibe-se uma tela do programa WINZIP SELF-EXTRACTOR, que lhe conduz ao processo de descompactação. Abaixo do Unzip To Folder, existe um campo que indica o destino do arquivo que será copiado para o disco rígido do seu computador.

C:\ED Excel 2013

Segundo passo: prossiga com a instalação, clicando no botão Unzip, o qual se encarrega de descompactar os arquivos. Logo abaixo dessa tela, aparece a barra de status, a qual monitora o processo para que você acompanhe. Após o término, outra tela de informação surgirá, indicando que o arquivo foi descompactado com sucesso e está no diretório criado. Para sair dessa tela, clique no botão OK. Para finalizar o programa WINZIP SELF-EXTRACTOR, clique no botão Close.

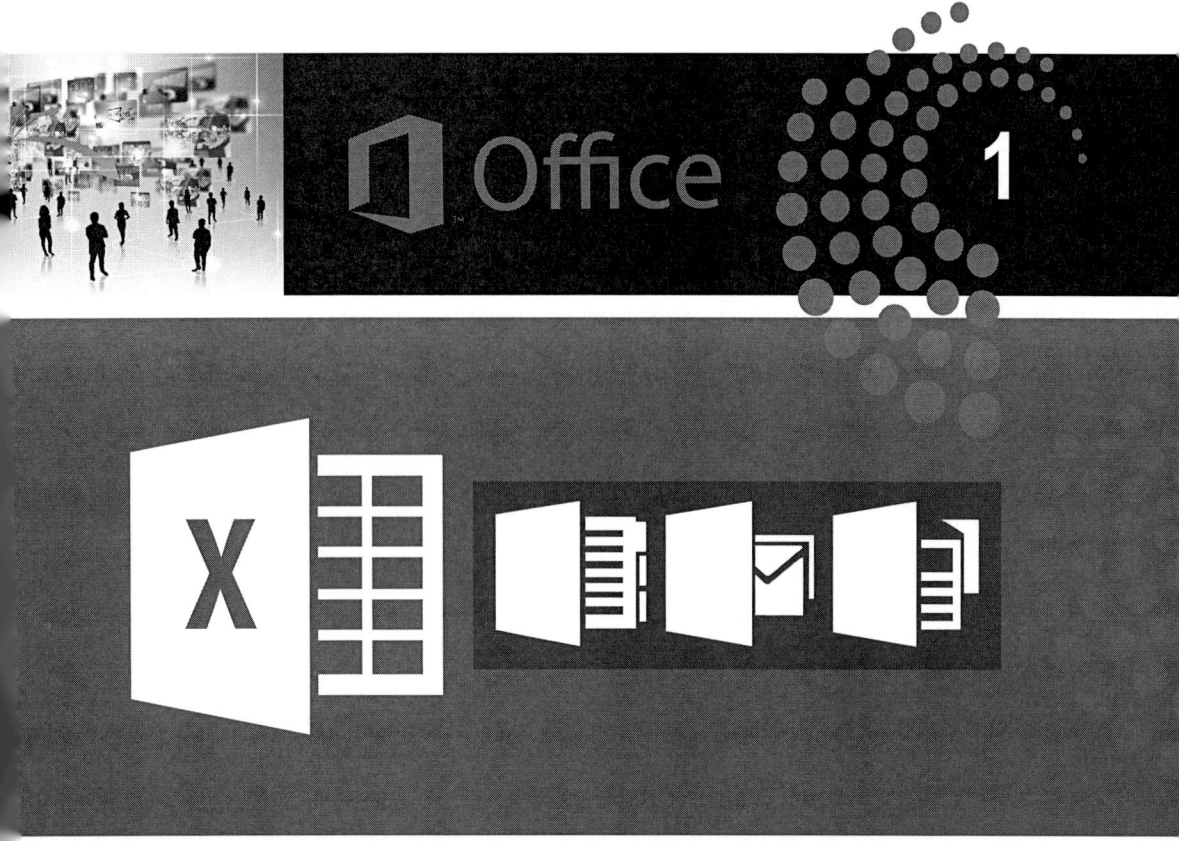

Introdução

O Microsoft Office vem passando por intensas mudanças desde a versão Office 97. Até esse momento, o grande foco era a melhoria da produtividade individual, com uma família de produtos que já se integravam. Porém, o pacote ainda não estava orientado diretamente ao complexo mundo corporativo e não era totalmente visto como uma ferramenta para gerenciamento de documentos, integração com aplicações e sistemas legados, inteligência nos negócios e colaboração.

Após o Office 2000, a história mudou muito. Da instalação administrativa, controlada e centralizada, aos melhorados gráficos e tabelas dinâmicas, apoiando o BI (Business Intelligence), o novo Office passou a representar, para várias empresas, um caminho mais curto para suas soluções de BackOffice.

Neste livro, serão apresentadas algumas das principais ferramentas do novo Excel 2013, bem como dicas simples que podem ajudar na produtividade individual, no trabalho em equipe e na administração de processos e informações.

Algumas das informações aqui apresentadas, assim como tabelas de suporte, foram baseadas nas informações da área de **Ajuda** do Excel 2013, que pode ser acessada pela **tecla de função <F1>**.

1.1 Convenções

Essa introdução fornece informações referentes às padronizações empregadas no livro.

Às vezes, os tópicos dos capítulos exigem executar comandos pelo menu do aplicativo em estudo. Quando isso ocorrer, os comandos são indicados com destaque. Por exemplo, para a execução do comando de gravação de uma área, os passos são indicados como segue:

    Guia: PÁGINA INICIAL

    Grupo: Área de Transferência

    Botão: Copiar

Nomes de caixas de diálogo, botões e ícones são encontrados em negrito, por exemplo, **Estilo da fonte**.

Informações entre colchetes são optativas ou variáveis.

Quando for necessário pressionar teclas juntas para executar uma ação, as teclas são indicadas como o seguinte exemplo: **<Alt> + <Tab>**.

1.2 Capítulos

Apresenta-se, ao início de cada capítulo, uma breve descrição do que será estudado. Assim sendo, os leitores descobrem quais objetivos devem ser atingidos com o estudo daquela parte e dá-se um parecer prévio sobre o que será abordado.

Ao fim de alguns capítulos, indicam-se exercícios a serem feitos pelo leitor.

E a cada capítulo, apresentam-se as conclusões do que foi tratado.

1.3 Objetivo da Coleção

Esta obra tem por objetivo servir de material de apoio ao ensino de disciplinas relacionadas às áreas de computação, principalmente em cursos não profissionalizantes. Deseja-se fornecer um conteúdo programático de aula que seja útil ao leitor e ao instrutor e/ou professor, quando utilizado em nível acadêmico.

Procurou-se criar um trabalho não muito extenso, que pudesse ser usado em sua totalidade, sem, com isso, tomar tempo demasiado do leitor, que pode ser autodidata, aluno ou treinando. Outro ponto de destaque da obra é a linguagem, pois o objetivo é manter um estilo agradável, dosando a utilização de terminologias muito específicas a uma determinada área.

1.4 História da Planilha Eletrônica

Em **1978**, um aluno da Escola de Administração da Universidade de Harvard, **Daniel Bricklin**, percebeu que seu mestre de Finanças dispendia muito tempo para modificar e realizar, no quadro negro, novos cálculos. Eles eram dispostos em colunas e linhas, criando, assim, uma tabela. No entanto, quando uma variável era alterada, todos os dados a ela referentes precisavam ser atualizados também! Então, o professor tinha de calcular cada fórmula, o que provocava demasiada demora.

Bricklin, com seu amigo e programador **Robert Frankston**, elaborou um programa que simula o quadro negro do professor. Tratava-se da primeira planilha eletrônica! Fundaram, então, a empresa **VisiCorp**, que desenvolveu o **VisiCalc**.

Naquela época, o uso de microcomputadores era visto como uma brincadeira ou para *hobbies* e suas vendas cresciam pouco. Porém, com o VisiCalc houve crescimento repentino das vendas, pois se percebeu que computadores poderiam ser utilizados para assuntos mais sérios e práticos. A Figura 1.1 apresenta as características básicas de uma planilha eletrônica do VisiCalc.

Wikimedia Commons/Courtesy of apple2history.org

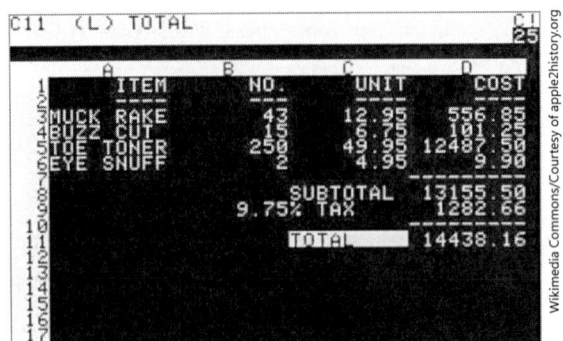

Figura 1.1 - Características básicas de uma planilha eletrônica do VisiCalc.

Além do VisiCalc, surgiram também outros programas de planilhas eletrônicas, que passaram a disputar espaço em um mercado em grande expansão. Em 1983, houve o lançamento de um programa integrado, chamado **1-2-3**, criado pela **Lotus Development Corporation**, posteriormente incorporada à **IBM**. O **1-2-3**, além de criar planilhas, gerava gráficos e tratava dados como ferramentas para a base de dados. O programa tirou o VisiCalc da liderança. Veja, na Figura 1.2, a tela do Lotus 1-2-3 em sua versão 3.0 para MS-DOS.

Wikimedia Commons/Odacir Blanco

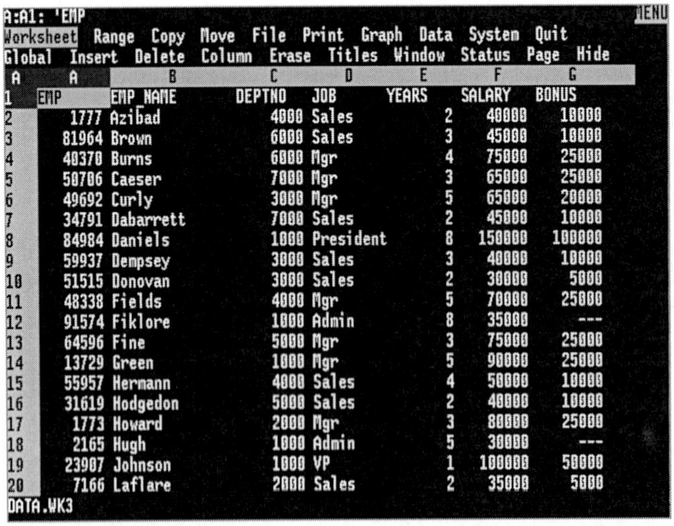

Figura 1.2 - Características da planilha eletrônica Lotus 1-2-3.

Nos anos 1980, a Lotus tornou-se a líder de mercado. Sua planilha concorria com outras, como a SuperCalc, a Multiplan e a Quattro Pro. Já nos anos 1990, lançou-se o ambiente operacional **Microsoft Windows**, pela **Microsoft Corporation** e, em seguida, criou-se uma planilha eletrônica que rodava nesse ambiente, o **Microsoft Excel 3.0**. Ela se tornou líder em seu segmento, ainda que concorrendo com os posteriores Quattro Pro for Windows e Lotus 1-2-3 for Windows.

Anotações

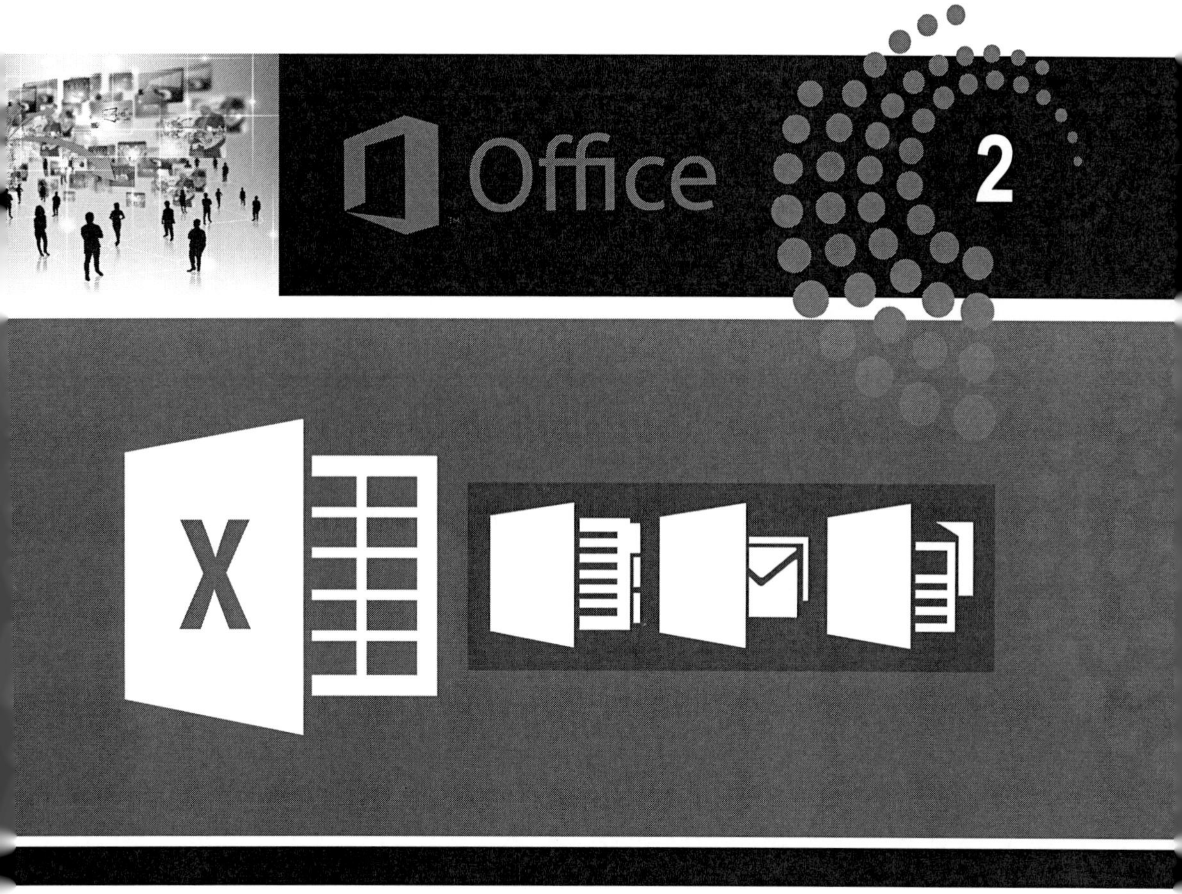

O que é uma Planilha Eletrônica?

Objetivo

- Levar o leitor a conhecer a nova interface do Excel 2013, muito mais amigável e totalmente reconstruída para facilitar a utilização, e colaborar diretamente para que se atinja o resultado final desejado.

2.1 Planilha Eletrônica

A planilha eletrônica é uma folha de cálculo disposta em forma de tabela, na qual podem ser efetuados, rapidamente, vários tipos de cálculos matemáticos, simples ou complexos. De acordo com uma filosofia matricial, pode ser utilizada por qualquer pessoa de qualquer setor profissional em que seja necessário efetuar cálculos financeiros, estatísticos ou científicos.

A planilha eletrônica é o software que impulsionou e revolucionou o mercado da informática. Em seu evoluir, a humanidade sempre tentou criar ferramentas para suprir as novas necessidades que aparecem.

Com a planilha eletrônica não foi diferente. A planilha eletrônica Microsoft Excel é caracterizada como um dos mais importantes aplicativos de planilhas eletrônicas para microcomputadores. O nome Excel vem da abreviatura de *EXCELent*, ou seja, Excelente. O termo *excel*, em inglês, significa primar, superar, sobrepujar ou ser superior a.

A operação do Microsoft Excel e das demais planilhas eletrônicas, mesmo após três décadas, continua similar. Claro que, ao longo dos anos, foram acontecendo melhorias, mas a estrutura principal de operacionalidade é a mesma.

2.2 Excel 2013 com o Windows 7

Para acessar o Excel 2013 com o Microsoft Windows 7, é necessário executar a sequência de comandos a seguir:

Iniciar

Todos os programas

Microsoft Office 2013

Excel 2013

2.3 Excel 2013 com o Windows 8

Para acessar o Excel 2013 com o Microsoft Windows 8, execute a sequência de comandos:

Tela Iniciar

Excel 2013

2.4 Apresentação da Nova Interface

Com o passar dos anos e com as novas versões, o Excel foi ficando cada vez maior, apresentando mais recursos. Isso foi degradando sua usabilidade e o usuário estacionava apenas naquilo que já sabia, pois a interface era pouco intuitiva, o que dificultava a exploração e, consequentemente, o uso de novos recursos.

Com a nova versão, totalmente remodelada e com um ambiente mais agradável e simples de trabalhar, todos podem ter novas experiências na criação de documentos.

Veja a nova interface do Excel 2013, com uma folha de cálculo em branco, na Figura 2.1.

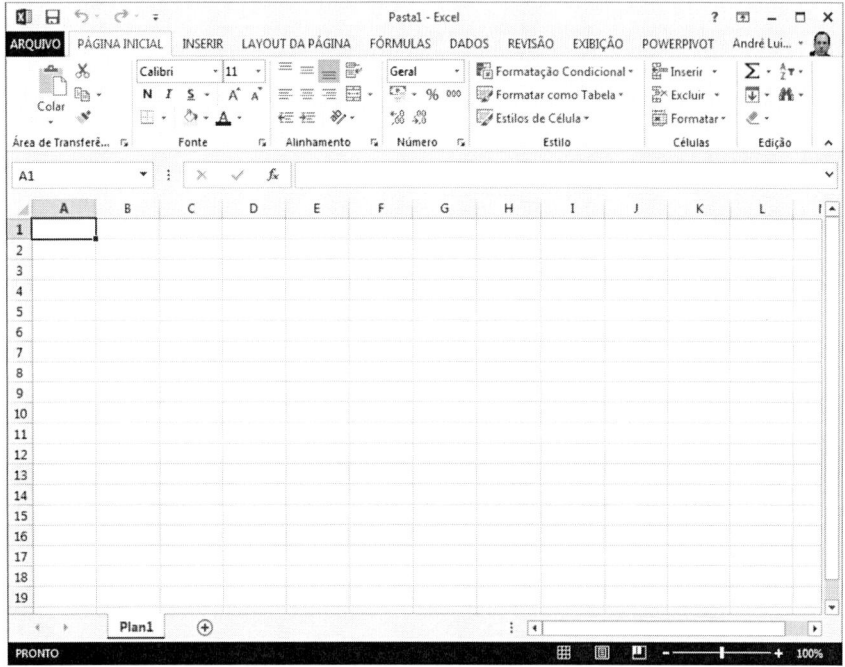

Figura 2.1 - Nova interface do Excel 2013.

2.5 Faixa de Opções

Nessa nova versão, o Excel 2013 substituiu os menus e as barras de ferramentas por um conjunto de ferramentas chamado **Faixa de Opções**. Veja um exemplo de **Faixa de Opções** na Figura 2.2.

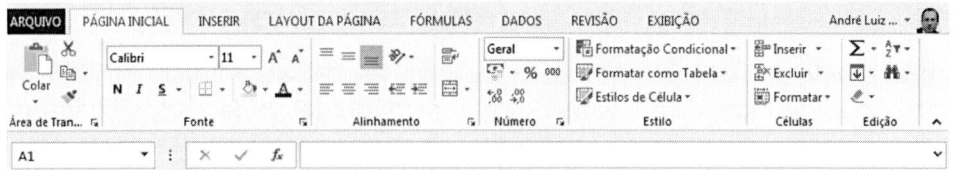

Figura 2.2 - Exemplo de Faixa de Opções referente à guia Início.

2.5.1 Guias

A **Faixa de Opções** disponibiliza o maior número de recursos em um mesmo local (parte superior da tela) e é composta principalmente por **guias**. Note um conjunto de **guias** sendo exibido na Figura 2.3.

Figura 2.3 - Conjunto de guias.

Observação

As **guias** podem ser ocultas caso se dê um clique duplo no nome da **guia**. O inverso também é verdadeiro, ou seja, para reexibir a **guia**, basta efetuar clique duplo no nome.

2.5.2 Atalhos

Os atalhos existentes nas **guias**, agora conhecidos por **Dicas de Teclas**, são obtidos com o uso da tecla **<Alt>** do lado esquerdo do teclado. Observe o exemplo na Figura 2.4.

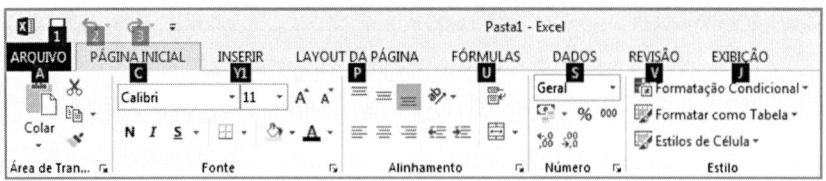

Figura 2.4 - Atalhos na Faixa de Opções.

2.5.3 Grupos e Botões de Comando

Dentro de cada uma das **guias**, é possível encontrar **Grupos de tarefas** que, por sua vez, são compostos por **botões de comando**.

2.5.4 Guias Sensíveis ao Contexto

A **Faixa de Opções** pode apresentar outro tipo de **guia**, quando se trabalha com elementos diferenciais no documento, como uma foto ou imagem.

2.5.4.1 Ferramentas Contextuais

São conhecidas por **ferramentas contextuais**, pois oferecem uma gama de ferramentas referentes ao contexto trabalhado naquele instante, ou seja, de acordo com o local clicado.

Veja a Figura 2.5, que apresenta as **ferramentas contextuais** referentes ao gráfico selecionado na planilha.

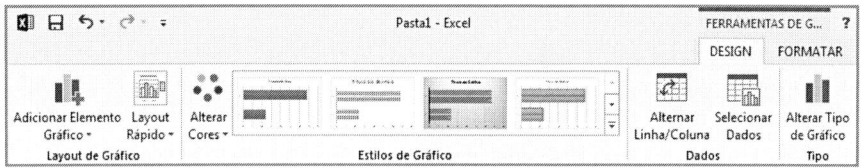

Figura 2.5 - Exemplo de ferramentas contextuais.

→ As **ferramentas contextuais** têm como principal característica seus nomes serem exibidos em uma cor de destaque;

→ As **guias contextuais** fornecem os controles pertinentes ao item selecionado (tabela, imagem, elementos nas margens ou desenho).

2.5.5 Arquivo

Localizada no canto superior esquerdo da janela do Excel, a **guia** oferece comandos referentes ao arquivo e ao documento trabalhado. A Figura 2.6 apresenta a caixa que surge com um clique em **ARQUIVO**.

Figura 2.6 - Guia ARQUIVO selecionada.

2.5.6 Barra de Ferramentas de Acesso Rápido

Normalmente, está localizada ao lado da **guia ARQUIVO** e dá acesso rápido às ferramentas que frequentemente usadas. É possível personalizar a **Barra de Ferramentas de Acesso Rápido** adicionando comandos a ela. Note, na Figura 2.7, que a **Barra de Ferramentas de Acesso Rápido** pode ser personalizada com um clique no botão de personalização.

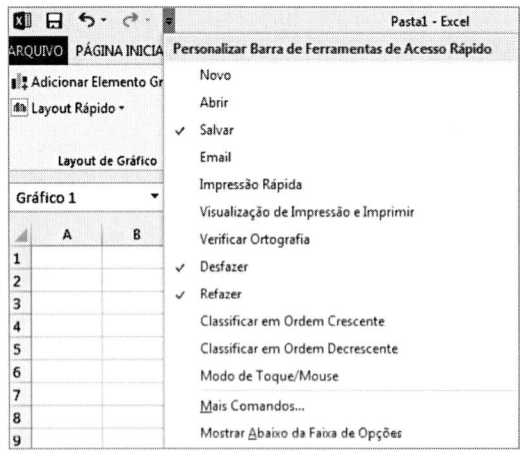

Figura 2.7 - Barra de Ferramentas de Acesso Rápido e botão de personalização.

2.5.7 Iniciadores de Caixa de Diálogo

Alguns **grupos** exibem um pequeno ícone na parte inferior direita do grupo, conhecido por **Iniciador de Caixa de diálogo**. O iniciador oferece comandos além dos disponíveis dentro do grupo ao qual pertence.

Estes comandos adicionais podem ser exibidos em uma **Caixa de diálogo** ou em **Painel de tarefa**. Observe a Figura 2.8, que apresenta um exemplo de um **Iniciador de Caixa de diálogo**.

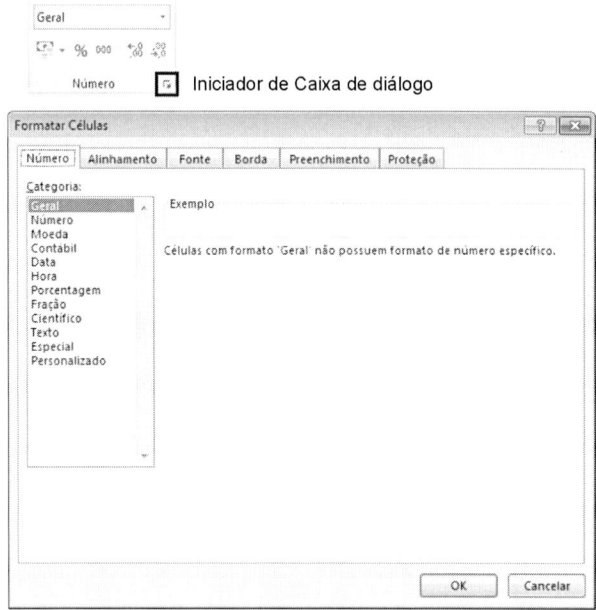

Figura 2.8 - Caixa de diálogo Formatar Células, aberta com um clique no ícone do Iniciador de Caixa de diálogo.

Uma **Caixa de diálogo** nada mais é que um conjunto de opções, dispostas em uma mesma tela. A maioria delas tem quatro botões em comum, a saber:

→ **OK:** confirma a utilização do comando, aplicando toda mudança referente à caixa.

→ **Cancelar:** usado para sair da caixa. Qualquer alteração realizada não será válida.

→ **X:** similar ao botão **Cancelar**.

→ **?:** o botão **Ajuda** fornece informações referentes ao comando utilizado.

2.5.8 Área de Trabalho

A **Área de Trabalho** do Excel 2013 é composto por **colunas**, indicadas por letras, **linhas**, indicadas por números, e também **guias**, que ficam abaixo da Área de Trabalho e são indicadas, inicialmente, por **Plan1**, **Plan2** e **Plan3**.

2.5.9 Barra de Status

Localizada na parte inferior da tela, exibe mensagens e dá informações sobre o documento. Veja a Figura 2.9.

Figura 2.9 - Barra de status do Excel 2013.

2.5.10 Barra de Fórmulas

A **Barra de fórmulas** é o local em que se escrevem as fórmulas e em que se editam os conteúdos de células (títulos, valores e fórmulas).

Permite ainda a leitura das sintaxes das fórmulas, possibilitando seu entendimento e a melhor compreensão dos resultados obtidos. A Figura 2.10 indica o local exato da **Barra de fórmulas**.

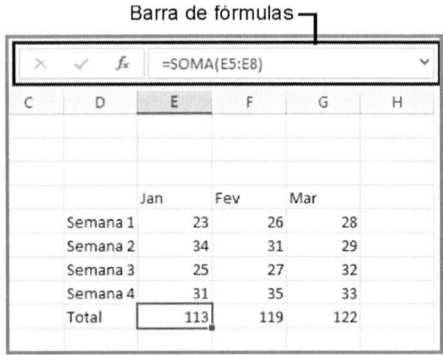

Figura 2.10 - Barra de fórmulas.

2.5.11 Caixa de Nome

A **Caixa de nome** é o local em que se visualiza o endereço das células selecionadas, o nome dado para as faixas de células ou o nome das funções que venham a ser usadas. A **Caixa de nome** fica à esquerda da **Barra de fórmulas**, como indica a Figura 2.11.

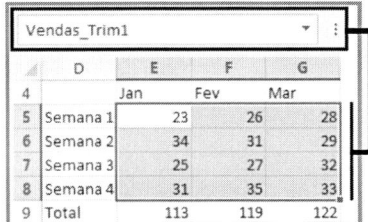

Figura 2.11 - Caixa de nome.

2.6 Dimensões da Planilha

O Excel 2013 teve seu tamanho totalmente modificado. O aumento aplicado foi muito grande, como indicado a seguir:

→ **Colunas:** 16.384 colunas;

→ **Linhas:** 1.048.576 linhas;

→ **Folhas de cálculos (alças):** limitado pela memória disponível e pelos recursos do sistema;

→ **Caracteres por célula:** 32.767 caracteres.

2.6.1 O que é uma Célula?

O cruzamento de uma **Coluna** e uma **Linha** recebe o nome de **Célula**. Se o valor 16.384 (número de colunas) for multiplicado por 1.048.576 (número de linhas) obtém-se o valor 17.179.869.184, quantidade de células por cada folha de planilha.

2.7 Como Movimentar o Cursor pela Planilha

O cursor pode ser movimentado dentro de uma folha de planilha de dois modos:

→ **Com o mouse:** limitando-se mais à tela em que se encontra, bastando clicar em uma determinada célula para selecioná-la;

→ **Com as setas de movimentação do teclado:** é mais eficiente que o mouse, pois evita que se avance além dos limites da tela.

Tecla/Combinação	Ação de Movimento
⇨	Posiciona o cursor uma célula à direita.
⇦	Posiciona o cursor uma célula à esquerda.
⇧	Posiciona o cursor uma célula acima.
⇩	Posiciona o cursor uma célula abaixo.
\<Ctrl\> + ⇨	Posiciona o cursor sobre a última célula à direita.
\<Ctrl\> + ⇦	Posiciona o cursor sobre a última célula à esquerda.
\<Ctrl\> + ⇧	Posiciona o cursor sobre a última célula acima.
\<Ctrl\> + ⇩	Posiciona o cursor sobre a última célula abaixo.
\<Ctrl\> + \<Home\>	Posiciona o cursor na célula A1.
\<Ctrl\> + \<PgDn\>	Alterna para a guia de planilha posterior.
\<Ctrl\> + \<PgUp\>	Alterna para a guia de planilha anterior.

2.8 Teclas de Função Mais Comuns

Alguns comandos do Excel 2013 podem ser executados pelas **teclas de função**, que vão de \<F1\> a \<F12\> e têm as funções indicadas na tabela a seguir.

Tecla	Ação
\<F1\> Ajuda	Exibe tópicos de ajuda. Se você apertar essa tecla em uma opção de menu, ele responderá à dúvida referente ao ponto selecionado anteriormente, pois é sensível ao contexto.
\<F2\> Editar	Usada quando você posicionar o cursor sobre uma célula e desejar modificar o conteúdo (fórmula ou dados) dela.
\<F3\> Nome	Lista as faixas nomeadas no arquivo. Deve ser utilizada durante a criação de uma fórmula ou durante o uso de caixas de diálogo que necessitem de endereçamento de células.
\<F4\> Repetir ou Referência absoluta	Repete a última operação (edição ou formatação) executada no Excel 2013 ou fixa o endereço de célula em uma fórmula para cópia posterior.
\<F5\> Ir para	Permite ir a um endereço de célula qualquer ou a uma faixa nomeada no arquivo.
\<F6\> Janela	Permite ir de uma divisão de janela à outra, na mesma planilha.
\<F7\> Verificar Ortografia	Corrige ortograficamente os textos da planilha.
\<F8\> Extensão	É usada para selecionar células.
\<F9\> Calcular agora	Quando se opta pelo cálculo manual, o cálculo automático, padrão, não é feito. A tecla o realiza após a finalização, com a inclusão de todos os valores e fórmulas.

Tecla	Ação
<F10> Menu	Equivalente ao uso do <Alt> da esquerda do teclado ou a um clique na barra de menu.
<F11> Cria gráfico	Gera o gráfico com base na posição do cursor (seleção de dados ou apenas alguma sequência de dados).
<F12> Salvar Como	Equivalente ao comando **Arquivo > Salvar Como**.

2.9 Comandos de Edição

Os comandos de edição estão disponíveis quando se aperta a **tecla de função** <F2>, mantendo o cursor posicionado sobre alguma fórmula, valor ou texto, conforme descrição a seguir.

Tecla/Combinação	Ação de Movimento do Cursor
⇦	Move um caractere à esquerda.
⇨	Move um caractere à direita.
<Home>	Posiciona-o no início da linha
<End>	Posiciona-o no fim da linha.
<Backspace>	Apaga caractere à esquerda.
<Del>	Apaga caractere à direita do cursor.
<Esc>	Cancela edição e volta à planilha.
<Ctrl> + ⇨	Move o cursor para palavra ou argumento posterior.
<Ctrl> + ⇦	Move o cursor para palavra ou argumento anterior.

2.10 Como Entrar com Dados na Planilha

Há basicamente três formas diferentes de introduzir dados em uma planilha:

→ digitar conteúdo diretamente na célula;

→ copiar conteúdos de uma célula para outra;

→ copiar conteúdos de um arquivo para uma célula;

Uma célula pode conter títulos (textos), fórmulas ou valores, identificados de forma mais profunda a seguir.

2.10.1 O que são Títulos

Informações armazenadas nessa modalidade devem ser introduzidas com letras, para que o Excel 2013 perceba que não se tratam de valores.

Qualquer texto digitado é considerado um título ou rótulo. Já números devem ser precedidos do caractere apóstrofo ('), para serem reconhecidos como títulos.

Exemplo 1

Valor	Cálculo	12 litros	Média	Maior	Pico
Base	1,5 ton.	Projeto	Horas	Mês	Período

2.10.2 O que são Valores

Informações armazenadas nessa modalidade devem ser introduzidas com algum algarismo numérico (de 0 a 9).

Exemplo 2

1	2	56612	121	121,1	121,12
−4	−6	−8	−10	−10,5	−21

Para dar início a um cálculo, deve-se inserir primeiro o sinal de **igual** (=), para depois inserir os números. Veja o próximo tópico:

2.10.3 O que são Fórmulas

Toda fórmula, por mais simples que seja, deve ser iniciada com o sinal de **igualdade** (=). Informações armazenadas nessa modalidade utilizam os seguintes operadores aritméticos:

→ **Adição:** [+];

→ **Subtração:** [−];

→ **Multiplicação:** [*];

→ **Divisão:** [/];

→ **Exponenciação:** [^].

Exemplo 3

=2+2	=2*2	=2−2	=2/2	=−2+2	=3*2+(3−2)
=2^3	=3*2/4	=3+2/4	=(3+2)/4	=(−3+2)/4	=(3+2)/1

Os níveis de prioridade de cálculo são os seguintes:

→ **Prioridade 1:** exponenciação e radiciação[1] (vice-versa);

→ **Prioridade 2:** multiplicação e divisão (vice-versa);

→ **Prioridade 3:** adição e subtração (vice-versa).

> **Observação**
>
> Os cálculos são executados de acordo com a prioridade matemática, conforme a sequência apresentada anteriormente, sendo possível utilizar parênteses ( ) para definir a nova prioridade de cálculo.

Exemplo 4

3*5+2 = 17

Exemplo 5

3*(5+2) = 21

Para efetuar a introdução de títulos, valores e fórmulas em uma planilha, os seguintes passos devem ser observados:

1. Posicione o cursor sobre a célula desejada.

2. Digite os dados.

3. Tecle **<Enter>** ou qualquer uma das setas de movimentação do cursor para dar a entrada dos dados.

2.11 Seleção de Células, Linhas e Colunas

A seleção de células pode ser feita de três formas:

→ **Mouse:** pressionando o botão esquerdo do mouse sobre as áreas que devem ser selecionada. É necessário que o ponteiro do mouse seja uma pequena cruz branca para fazer a seleção;

→ **Teclado:** mantendo a tecla **<Shift>** pressionada enquanto usa as teclas de movimentação;

→ **Mouse + teclado:** clicando primeiro em uma célula e, em seguida, com o apoio da tecla **<Shift>**, na última célula de uma sequência. Caso pretenda selecionar as células alternadamente, use a tecla **<Ctrl>** para dar apoio.

---

[1] Quando desejar achar a $\sqrt[3]{8}$ (raiz cúbica de 8), basta usar a fórmula: =8^(1/3).

Exercícios

1. Execute os cálculos discriminados a seguir:

Adição	Subtração	Multiplicação	Divisão	Exponenciação/ Radiciação
2+4+3+4+1+7	7−9	3*4	3/1	3^2
4+5+8+12+9	3−5−5	12*56	4/2	3^(1/2)
3+5+4	−3−5−5	−12*56	−5/3	−3^(−2)
−2+2+2	−8−8−8	−6*−7	−4/−2	3^(−2)
−9+9+9	−8−8	12*3*3*3*3	−4/−3	30^(1/3)

2. Calcule as fórmulas seguintes e compare com os respectivos resultados:

   3*(4−5) = −3

   3−(2−1+5) = −3

   (4*(3−(2−1+5))−5) = −17

   (4−5)+(4*(3−(2−1+5))−5) = −18

   3*(4−5)+(4*(3−(2−1+5))−5)/2^2 = −7,25

3. Por que o Excel 2013 é uma planilha eletrônica?
4. O que são **guias**?
5. O que fazer para que as **guias** sejam ocultas?
6. O que são **grupos** e **botões de comando**?
7. O que é a **Faixa de Opções**?
8. O que é uma **Caixa de diálogo**?
9. O que é e qual a função da **guia ARQUIVO**?
10. Quais os elementos básicos que compõem uma **Caixa de diálogo**?
11. O que é uma célula?
12. O que é um título?
13. O que é um valor?
14. Qual o sinal que identifica o início de uma fórmula?

Office 3

COMO CRIAR UMA PLANILHA DE USO PRÁTICO

Objetivos

- Demonstrar, de forma prática, a criação de uma planilha que pode ser utilizada no cotidiano;
- Ensinar a efetuar alterações de acordo com as necessidades de cada usuário;
- Enfocar a forma correta de incluir fórmulas;
- Abordar formatações iniciais;
- Demonstrar como salvar e fechar uma planilha.

3.1 Planilha de Orçamento Doméstico

A planilha que será criada aborda um assunto bastante comum, o orçamento doméstico de uma família composta por um casal e dois filhos, com 12 e 14 anos.

Procure digitar os dados nas coordenadas de células indicadas, para que, com base nelas, as fórmulas sejam colocadas corretamente, conforme a Figura 3.1.

	A	B	C	D	E	F
1	Orçamento Doméstico					
2						
3	Rendimento					
4	Salário					
5	Banco					
6	Total					
7						
8	Despesas					
9	Supermercado					
10	Feira					
11	Aluguel					
12	Escola					
13	Água/Luz					
14	Telefone					
15	Empregada					
16	Médico					
17	Carro					
18	Seguro					
19	Vestuário					
20	Lazer					
21	Total					
22						
23	Saldo					

Figura 3.1 - Planilha de orçamento doméstico (inclusão de títulos).

Discriminar uma planilha, na forma como foi feito, é o mesmo que escrever em um caderno e fazer cálculos, como indica a Figura 3.2.

Com os valores já escritos em suas respectivas células, o objetivo é calcular as células com o título **Total**. Não se preocupe caso esteja atropelando os títulos, pois eles serão ajustados posteriormente.

	A	B	C	D	E	F
1	Orçamento Doméstico					
2						
3	Rendimento					
4	Salário	6200				
5	Banco	670				
6	Total					
7						
8	Despesas					
9	Supermerca	730				
10	Feira	230				
11	Aluguel	1150				
12	Escola	880				
13	Água/Luz	140				
14	Telefone	200				
15	Empregada	420				
16	Médico	560				
17	Carro	240				
18	Seguro	450				
19	Vestuário	900				
20	Lazer	510				
21	Total					
22						
23	Saldo					

Figura 3.2 - Planilha de orçamento doméstico (inclusão de valores).

3.2 Salvar a Planilha

O comando **Salvar** é usado quando se deseja gravar informações inseridas no aplicativo em que se está trabalhando, de forma a não perdê-las caso haja uma queda de energia.

Dentre os comandos que permitem salvar um arquivo, destacam-se:

→ **Salvar:** caso o arquivo em questão seja salvo pela primeira vez, o comando permite que o usuário determine o nome, o local e o formato do arquivo. Caso o arquivo já tenha sido salvo, ele simplesmente atualiza o antigo pelo atual, gravando todas as alterações efetuadas.

→ **Salvar como:** similar ao anterior, no entanto, sempre permite que se determine o nome, o local e o formato do arquivo. É usado para salvar um arquivo existente com outro nome.

Para salvar uma planilha, transformando-a em um arquivo, deve-se proceder da seguinte forma:

1. Execute o comando a seguir e observe a Figura 3.3.

    Guia: ARQUIVO

    Salvar como

Figura 3.3 - Tela de escolha de opções de salvamento.

Nesta tela, você pode escolher o local em que o arquivo será salvo. As opções são:

→ **SkyDrive de [Usuário]:** permite que o arquivo seja colocado em um drive virtual, na nuvem a que seu perfil no **Windows Live**, já existente, está conectado;

→ **Computador:** salva o arquivo em uma pasta do seu computador, a ser definida por você, permitindo também definir o formato do arquivo;

→ **Adicionar um local:** possibilita ainda definir se o arquivo será compartilhado por outras pessoas que acessem o **Office 365 SharePoint**.[2]

2. Escolha **Computador**.

3. Clique na pasta desejada ou em **Procurar**. A pasta escolhida foi **Documentos**, conforme mostra a Figura 3.4

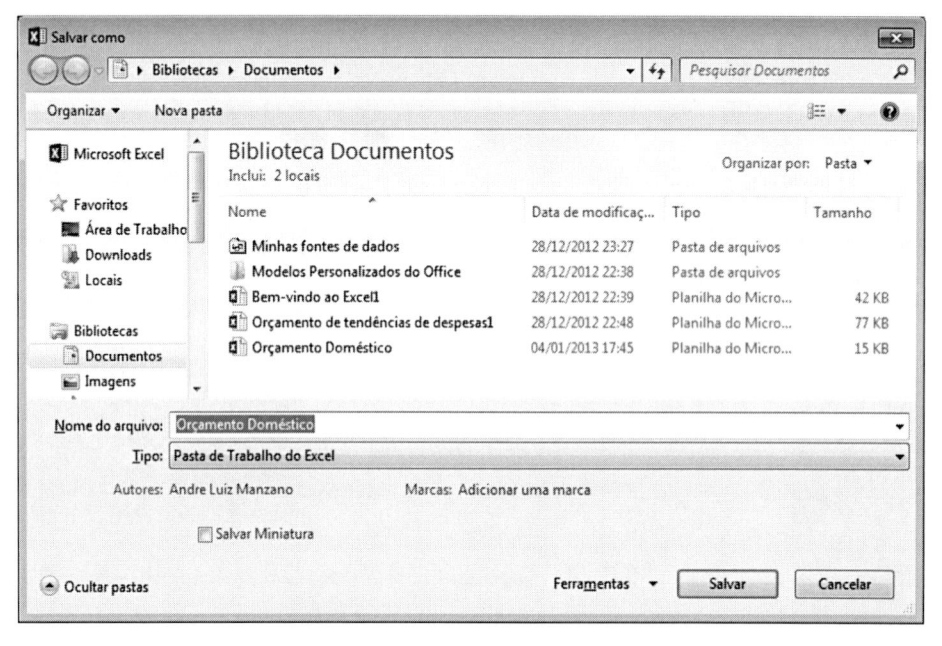

Figura 3.4 - Caixa de diálogo Salvar como.

4. Digite *Orçamento Doméstico* em **Nome do arquivo**.

5. Finalize com o botão **Salvar**.

---

[2] Permite trabalhar com o arquivo em qualquer lugar, pois ele está em "nuvem", mesmo que o Office não esteja instalado na máquina em questão.

3.3 Procedimento de Cálculo

A vantagem de trabalhar com uma planilha eletrônica é que, para efetuar os cálculos, não é necessário repetir os valores já digitados. Procure apenas indicar o local em que eles se encontram, criando assim uma referência.

Observe que, para calcular o **Total** referente a **Rendimentos**, que está na célula **B6**, basta efetuar a seguinte fórmula:[3]

=B4+B5

Em vez de:

=6200+670

> **Observação**
>
> Por meio das fórmulas, há a vantagem de se poder alterar qualquer um dos valores e, automaticamente, o Excel 2013 calcular os resultados dependentes.

3.3.1 Uso da Função =SOMA

O Microsoft Excel traz muitas funções, divididas em diversas categorias. Entre as mais conhecidas e usadas há a função **=SOMA(faixa)**, que permite efetuar a soma dos valores contidos em uma **faixa** de células.

No caso do **Total** referente a **Despesas**, na célula **B21**, seria possível proceder da mesma forma mencionada anteriormente. Porém, a fórmula fica muito grande, como é possível notar a seguir:

=B9+B10+B11+B12+B13+B14+B15+B16+B17+B18+B19+B20

Ela pode ser trocada por:

=SOMA(B9:B20)

Assim, será efetuada uma **soma**, que começa na célula **B9** e vai **até** a célula **B20**.

> **Observação**
>
> Preste muita atenção ao efetuar uma fórmula de **soma** usando o sinal ":" (dois pontos), pois ele significa **até**; já o sinal ";" (ponto e vírgula) significa **e**.

---

[3] As fórmulas também podem ser escritas com letras minúsculas. Ao final das fórmulas, é necessário teclar <Enter> para que o resultado apareça.

Veja a Figura 3.5, que indica o instante da criação da função **SOMA**, no qual o Excel 2013 oferece uma lista de funções para auxiliar na criação da fórmula.

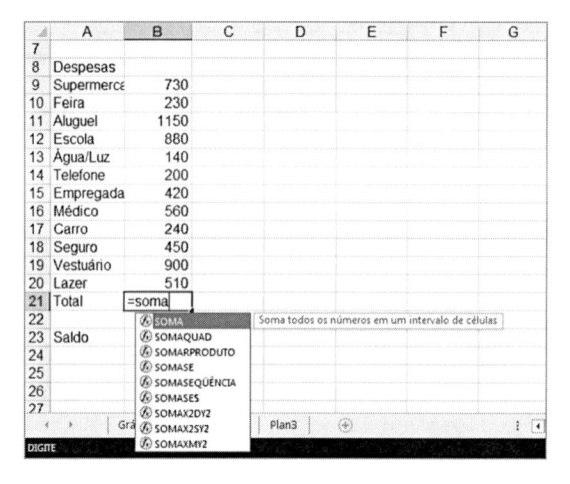

Figura 3.5 - Instante da criação da função SOMA, na qual o Excel oferece uma lista de funções.

Exercícios

1. Calcule agora o **Saldo**, com a fórmula:

   =B6–B21

2. Assim que fizer os devidos cálculos, confirme o resultado e compare-o ao indicado na Figura 3.6.

Figura 3.6 - Planilha Orçamento Doméstico terminada para o mês corrente.

3.4 Formatar a Planilha

Formatar significa melhorar a estética de sua planilha, alterando a largura das colunas, mudando o alinhamento de títulos, destacando letras, modificando, por exemplo, tipo, estilo, cores etc., ou, ainda, formatando os números com casas decimais e separação de milhares.

3.4.1 Alargar a Coluna

Observe que a coluna **A** não consegue exibir todas as informações, pois está sendo devorada pelo conteúdo da coluna **B**. Assim, é preciso identificar onde está o problema, raciocinando da seguinte maneira:

> **Observação**
>
> Ora, se a coluna **A** é a que não consigo ver totalmente, então, devo posicionar o cursor sobre ela para efetuar o pedido de formatação!

Procedimento

1. Posicione-se sobre qualquer célula pertencente à coluna que deve ser alterada, no caso, a coluna **A**.

2. Execute o comando, a seguir.

   Guia: PÁGINA INICIAL

   Grupo: Células

   Botão: Formatar

3. Escolha **Largura da coluna**, o que abre uma pequena **Caixa de diálogo**, a **Largura da coluna**, conforme a Figura 3.7.

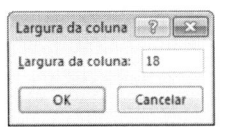

Figura 3.7 - Caixa de diálogo Largura da coluna.

4. Insira o tamanho **18** e, em seguida, finalize com **<Enter>**.

5. Para a coluna **B**, determine tamanho **7**.

3.4.2 Formatar Valores Numéricos

Formatar os números é muito importante, porque eles dão uma ideia precisa do que está sendo abordado na planilha. Se as células contiverem quantidades, não é preciso haver separação de casas decimais, a não ser que se estipule uma precisão limite de **n** casas.

Se as células contiverem valores monetários, pode-se optar entre exibir o símbolo da moeda ou simplesmente separar milhares e casas decimais (duas casas). Para mudar o formato dos números, basta executar os procedimentos a seguir.

Procedimento

1. Selecione as células a serem modificadas, usando o mouse ou o teclado. Neste caso, é preciso selecionar a faixa **B4:B23** (da célula **B4** até a célula **B23**). Veja a Figura 3.8.

2. Execute o comando a seguir e note a Figura 3.9, que exibe o respectivo resultado.

   Guia: PÁGINA INICIAL

   Grupo: Número

   Botão: Separador de Milhares

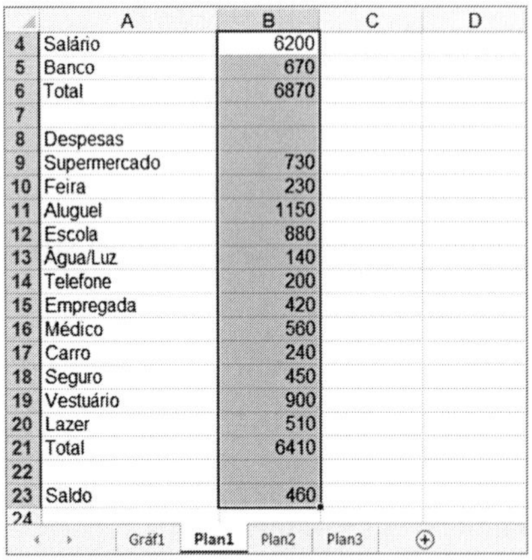

	A	B	C	D
4	Salário	6200		
5	Banco	670		
6	Total	6870		
7				
8	Despesas			
9	Supermercado	730		
10	Feira	230		
11	Aluguel	1150		
12	Escola	880		
13	Água/Luz	140		
14	Telefone	200		
15	Empregada	420		
16	Médico	560		
17	Carro	240		
18	Seguro	450		
19	Vestuário	900		
20	Lazer	510		
21	Total	6410		
22				
23	Saldo	460		

Figura 3.8 - Faixa de células selecionada.

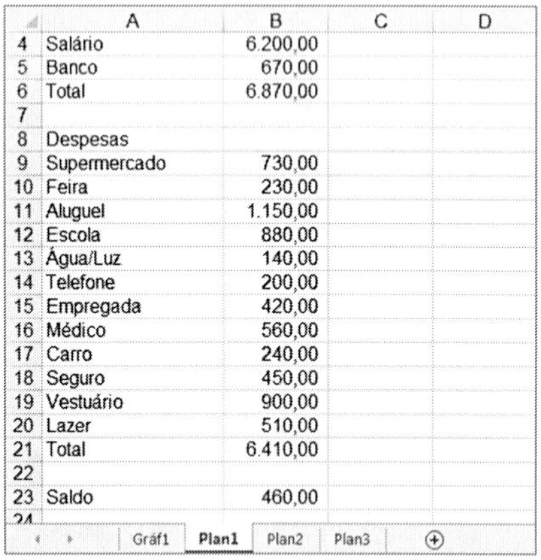

	A	B	C	D
4	Salário	6.200,00		
5	Banco	670,00		
6	Total	6.870,00		
7				
8	Despesas			
9	Supermercado	730,00		
10	Feira	230,00		
11	Aluguel	1.150,00		
12	Escola	880,00		
13	Água/Luz	140,00		
14	Telefone	200,00		
15	Empregada	420,00		
16	Médico	560,00		
17	Carro	240,00		
18	Seguro	450,00		
19	Vestuário	900,00		
20	Lazer	510,00		
21	Total	6.410,00		
22				
23	Saldo	460,00		

Figura 3.9 - Células formatadas com o formato numérico com separação de milhar.

3.4.3 Alinhar os Títulos

Serve para melhorar o posicionamento de títulos (rótulos) nas células. Pode ser feito pelo procedimento a seguir.

Procedimento

1. Selecione a célula a ser alinhada, no caso, **A3**.

2. Execute o comando:

   Guia: PÁGINA INICIAL

   Grupo: Alinhamento

   Botão: Centralizar

3. Repita o comando para as células **A6**, **A8**, **A21** e **A23**. Observe a Figura 3.10, que indica como deve ser o resultado após a aplicação do **Negrito**.

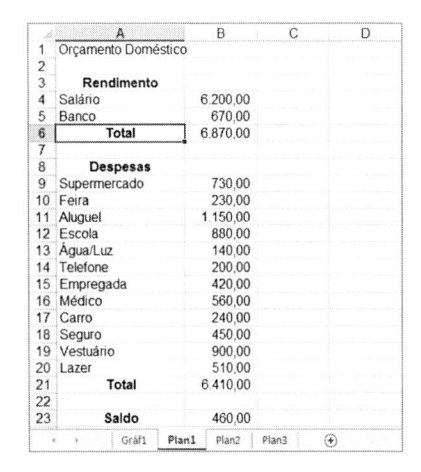

Figura 3.10 - Algumas células centralizadas e com negrito.

3.4.4 Alinhamento Especial

Esse alinhamento serve para alinhar o conteúdo da célula em uma faixa selecionada anteriormente.

Procedimento

1. Selecione as células para esse alinhamento. Neste caso, **A1:G1**. Observe a Figura 3.11, que indica essa seleção.

2. Execute o comando:

   Guia: PÁGINA INICIAL

   Grupo: Alinhamento

   Botão: Mesclar e Centralizar

Figura 3.11 - Seleção da faixa A1:G1.

A seleção se deu até a coluna **G**, pois o orçamento será calculado para seis meses. Compare o resultado com a Figura 3.12.

	A	B	C	D	E	F	G
1			Orçamento Doméstico				
2							
3	**Rendimento**						
4	Salário	6.200,00					
5	Banco	670,00					
6	Total	6.870,00					
7							

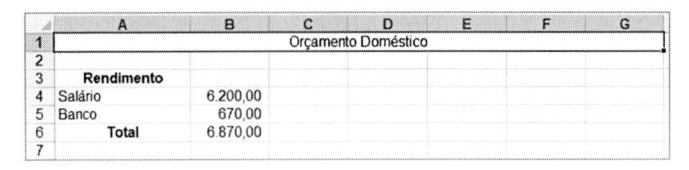

Figura 3.12 - Alinhamento na faixa de células.

3. Salve o arquivo.

3.4.5 Alterar o Tipo de Fonte

Serve para alterar a estética da planilha, melhorando-a ainda mais. Você deve escolher a fonte de letra mais adequada às suas necessidades.

Procedimento

1. Posicione o cursor sobre a célula **A1**.

2. Execute o comando:

    Guia: PÁGINA INICIAL

    Grupo: Fonte

    Botão: Fonte

3. Altere para a fonte **Times New Roman**.

4. Aproveite para, no botão **Tamanho da Fonte**, alterar o tamanho para **14**.

3.5 Definição dos Demais Meses

Um orçamento doméstico tem de compreender diversos meses. Deve haver total atenção dos envolvidos para evitar riscos em suas vidas financeiras, com mais despesas do que poderiam ter. Observe como acrescentar mais meses à planilha.

3.5.1 Uso Inicial do AutoPreenchimento

O recurso de AutoPreenchimento do Excel 2013 traz a facilidade de estender dados comuns, usados cotidianamente, como dias da semana ou meses.

Procedimento

1. Posicione o cursor sobre a célula **B3**.
2. Digite *Jan*.
3. Centralize a palavra e aplique o **Negrito**.
4. Mantenha-se na célula **B3**.
5. Mova o mouse para o sinal que está na parte inferior direita da célula. Observe a Figura 3.13 a seguir.

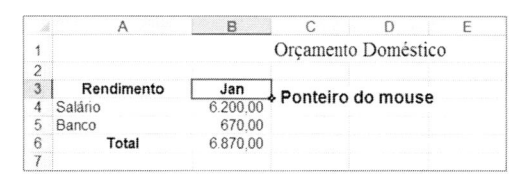

Figura 3.13 - Célula com o mouse posicionado sobre o sinal de AutoPreenchimento.

Observação

Note que o ponteiro do mouse se transforma em uma cruz pequena e preta, que serve para efetuar o autopreenchimento.

6. Arraste o mouse, definindo a faixa **B3:G3**. Note como o preenchimento da área das células deve ficar com o arrasto do mouse até o mês *Jun*.
7. Salve o arquivo.

3.5.2 Conclusão da Primeira Planilha

Após escrever os títulos dos meses, é possível ampliar ainda mais essa planilha, bastando efetuar os procedimentos a seguir.

Procedimento

1. Considerando que não há alteração no salário do casal, use o **AutoPreenchimento** para copiar a informação contida na célula **B4** e inseri-la na faixa **B4:G4**, como indica a Figura 3.14.

Figura 3.14 - Faixa de células com informação copiada por meio do AutoPreenchimento.

2. Já o item **Banco** nada mais é que o **Saldo** restante, disposto na célula **B23**. Dessa forma, como indica a Figura 3.15, a célula **C5** pode ter a seguinte fórmula:

=B23

Figura 3.15 - Célula C5 referenciando o conteúdo da célula B23.

3. Após finalizar a fórmula anterior com **<Enter>**, insira a nova fórmula em **C6**.

=C4+C5

4. Com a soma efetuada, preencha manualmente as seguintes informações para o mês de **Fev** (**C9:C20**) e calcule as células **C21** (**Total**) e **C23** (**Saldo**) de acordo com o indicado pela Figura 3.16.

	A	B	C	D	E	F	G
2							
3	Rendimento	Jan	Fev	Mar	Abr	Mai	Jun
4	Salário	6.200,00	6.200,00	6.200,00	6.200,00	6.200,00	6.200,00
5	Banco	670,00	460,00				
6	Total	6.870,00	6.660,00				
7							
8	Despesas						
9	Supermercado	730,00	1.120,00				
10	Feira	230,00	190,00				
11	Aluguel	1.150,00	1.150,00				
12	Escola	880,00	880,00				
13	Água/Luz	140,00	240,00				
14	Telefone	200,00	430,00				
15	Empregada	420,00	420,00				
16	Médico	560,00	780,00				
17	Carro	240,00	240,00				
18	Seguro	450,00	450,00				
19	Vestuário	900,00	1.760,00				
20	Lazer	510,00	890,00				
21	Total	6.410,00	8.550,00				
22							
23	Saldo	460,00	-1.890,00				
24							

Figura 3.16 - Saldo negativo por excesso de gastos.

Visto que, nesse mês, a família exagerou em algumas despesas, convém tomar alguns cuidados.

5. Preencha as seguintes colunas simulando o esforço que a família está fazendo para gastar menos com coisas que podem ser economizadas.

	Jan	Fev	Mar	Abr	Mai
Supermercado			1.080,00	1.130,00	1.230,00
Feira			210,00	205,00	105,00
Aluguel			1.150,00	1.150,00	1.150,00
Escola			880,00	880,00	880,00
Água/Luz			195,00	160,00	170,00
Telefone			340,00	230,00	210,00
Empregada			420,00	420,00	420,00
Médico			670,00	540,00	340,00
Carro			240,00	240,00	240,00
Seguro			450,00	450,00	450,00
Vestuário			230,00	230,00	90,00
Lazer			330,00	200,00	140,00

6. Efetue as contas nas células **D5**, **D6**, **D21** e **D23**.

7. Efetue as contas nas células **E5**, **E6**, **E21** e **E23**.

8. Efetue as contas nas células **F5**, **F6**, **F21** e **F23**.

9. Efetue as contas nas células **G5** e **G6** e compare com a Figura 3.17.

	A	B	C	D	E	F	G
2							
3	Rendimento	Jan	Fev	Mar	Abr	Mai	Jun
4	Salário	6.200,00	6.200,00	6.200,00	6.200,00	6.200,00	6.200,00
5	Banco		670,00	460,00	-1.890,00	-1.885,00	-1.520,00	-745,00
6	Total	6.870,00	6.660,00	4.310,00	4.315,00	4.680,00	5.455,00
7							
8	Despesas						
9	Supermercado	730,00	1.120,00	1.080,00	1.130,00	1.230,00	
10	Feira	230,00	190,00	210,00	205,00	105,00	
11	Aluguel	1.150,00	1.150,00	1.150,00	1.150,00	1.150,00	
12	Escola	880,00	880,00	880,00	880,00	880,00	
13	Água/Luz	140,00	240,00	195,00	160,00	170,00	
14	Telefone	200,00	430,00	340,00	230,00	210,00	
15	Empregada	420,00	420,00	420,00	420,00	420,00	
16	Médico	560,00	780,00	670,00	540,00	340,00	
17	Carro	240,00	240,00	240,00	240,00	240,00	
18	Seguro	450,00	450,00	450,00	450,00	450,00	
19	Vestuário	900,00	1.760,00	230,00	230,00	90,00	
20	Lazer	510,00	890,00	330,00	200,00	140,00	
21	Total	6.410,00	8.550,00	6.195,00	5.835,00	5.425,00	
22							
23	Saldo	460,00	-1.890,00	-1.885,00	-1.520,00	-745,00	
24							

Figura 3.17 - Planilha semipronta.

10. Termine de preencher os dados, como indicado na tabela a seguir.

	Mar	Abr	Mai	Jun
Supermercado				1.080,00
Feira				210,00
Aluguel				1.150,00
Escola				880,00
Água/Luz				195,00
Telefone				210,00
Empregada				420,00
Médico				340,00
Carro				240,00
Seguro				450,00
Vestuário				120,00
Lazer				140,00

11. Termine as contas que estão faltando e compare com a Figura 3.18.

	A	B	C	D	E	F	G
2							
3	Rendimento	Jan	Fev	Mar	Abr	Mai	Jun
4	Salário	6.200,00	6.200,00	6.200,00	6.200,00	6.200,00	6.200,00
5	Banco	670,00	460,00	–1.890,00	–1.885,00	–1.520,00	–745,00
6	Total	6.870,00	6.660,00	4.310,00	4.315,00	4.680,00	5.455,00
7							
8	Despesas						
9	Supermercado	730,00	1.120,00	1.080,00	1.130,00	1.230,00	1.080,00
10	Feira	230,00	190,00	210,00	205,00	105,00	210,00
11	Aluguel	1.150,00	1.150,00	1.150,00	1.150,00	1.150,00	1.150,00
12	Escola	880,00	880,00	880,00	880,00	880,00	880,00
13	Água/Luz	140,00	240,00	195,00	160,00	170,00	195,00
14	Telefone	200,00	430,00	340,00	230,00	210,00	210,00
15	Empregada	420,00	420,00	420,00	420,00	420,00	420,00
16	Médico	560,00	780,00	670,00	540,00	340,00	340,00
17	Carro	240,00	240,00	240,00	240,00	240,00	240,00
18	Seguro	450,00	450,00	450,00	450,00	450,00	450,00
19	Vestuário	900,00	1.760,00	230,00	230,00	90,00	120,00
20	Lazer	510,00	890,00	330,00	200,00	140,00	140,00
21	Total	6.410,00	8.550,00	6.195,00	5.835,00	5.425,00	5.435,00
22							
23	Saldo	460,00	–1.890,00	–1.885,00	–1.520,00	–745,00	20,00

Figura 3.18 - Planilha de orçamento doméstico finalizada.

12. Salve o arquivo.

3.5.3 Ocultar as Grades da Planilha

Repare que o Excel 2013 exibe as grades das células em condições normais.

Talvez você queira ocultá-las, para tentar deixar a visualização da planilha mais agradável. Para tanto, execute o comando:

Guia: EXIBIÇÃO

Grupo: Mostrar

Botão: Linhas de Grade

Note como a **Área de Trabalho**, apresentada pela Figura 3.19, ficou mais "limpa".

	A	B	C	D	E	F	G
1		Orçamento Doméstico					
2							
3	Rendimento	Jan	Fev	Mar	Abr	Mai	Jun
4	Salário	6.200,00	6.200,00	6.200,00	6.200,00	6.200,00	6.200,00
5	Banco	670,00	460,00	–1.890,00	–1.885,00	–1.520,00	–745,00
6	Total	6.870,00	6.660,00	4.310,00	4.315,00	4.680,00	5.455,00
7							
8	Despesas						
9	Supermercado	730,00	1.120,00	1.080,00	1.130,00	1.230,00	1.080,00
10	Feira	230,00	190,00	210,00	205,00	105,00	210,00
11	Aluguel	1.150,00	1.150,00	1.150,00	1.150,00	1.150,00	1.150,00
12	Escola	880,00	880,00	880,00	880,00	880,00	880,00
13	Água/Luz	140,00	240,00	195,00	160,00	170,00	195,00
14	Telefone	200,00	430,00	340,00	230,00	210,00	210,00
15	Empregada	420,00	420,00	420,00	420,00	420,00	420,00
16	Médico	560,00	780,00	670,00	540,00	340,00	340,00
17	Carro	240,00	240,00	240,00	240,00	240,00	240,00
18	Seguro	450,00	450,00	450,00	450,00	450,00	450,00
19	Vestuário	900,00	1.760,00	230,00	230,00	90,00	120,00
20	Lazer	510,00	890,00	330,00	200,00	140,00	140,00
21	Total	6.410,00	8.550,00	6.195,00	5.835,00	5.425,00	5.435,00
22							
23	Saldo	460,00	–1.890,00	–1.885,00	–1.520,00	–745,00	20,00

Figura 3.19 - Área de Trabalho sem as linhas de grade.

3.5.4 Seleção Simultânea entre Áreas Diferentes

Para selecionar duas ou mais áreas de células ao mesmo tempo, sempre selecione a primeira normalmente, com o clique do mouse, e as seguintes, com a tecla **<Ctrl>** pressionada, para, em seguida, continuar a seleção com o mouse.

3.5.5 Trabalho com Molduras

Inserir molduras dá uma estética diferente ao trabalho que se deseja apresentar. O uso desse recurso é feito em conjunto com a seleção simultânea entre áreas diferentes da planilha.

Procedimento

1. Selecione as áreas dos títulos **A1:G1** e **A3:G3**, como indica a Figura 3.20.

	A	B	C	D	E	F	G
1		Orçamento Doméstico					
2							
3	Rendimento	Jan	Fev	Mar	Abr	Mai	Jun
4	Salário	6.200,00	6.200,00	6.200,00	6.200,00	6.200,00	6.200,00
5	Banco	670,00	460,00	−1.890,00	−1.885,00	−1.520,00	−745,00
6	Total	6.870,00	6.660,00	4.310,00	4.315,00	4.680,00	5.455,00

Figura 3.20 - Seleção simultânea entre áreas diferentes.

2. Execute o comando a seguir e compare com o resultado exibido pela Figura 3.21.

   Guia: PÁGINA INICIAL

   Grupo: Fonte

   Botão: Todas as bordas

	A	B	C	D	E	F	G
1		Orçamento Doméstico					
2							
3	Rendimento	Jan	Fev	Mar	Abr	Mai	Jun
4	Salário	6.200,00	6.200,00	6.200,00	6.200,00	6.200,00	6.200,00
5	Banco	670,00	460,00	−1.890,00	−1.885,00	−1.520,00	−745,00
6	Total	6.870,00	6.660,00	4.310,00	4.315,00	4.680,00	5.455,00
7							

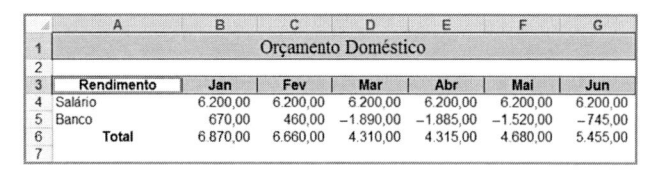

Figura 3.21 - Algumas bordas aplicadas na planilha.

3.5.6 Trabalhar com Cores

É possível aplicar cores dentro das células, o que enriquece muito a estética e apresentação da planilha.

Procedimento

1. Aproveitando a seleção de células ainda ativa, você deve colorir a área selecionada.

2. Execute o comando a seguir e observe as escolhas de cores que podem ser feitas, como apresentado na Figura 3.22.

   Guia: PÁGINA INICIAL

   Grupo: Fonte

   Botão: Cor de Preenchimento

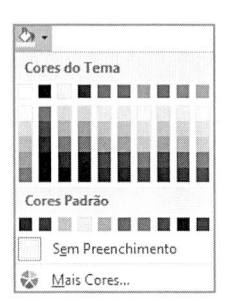

   Figura 3.22 - Opções de Cores de Preenchimento.

3. Selecione a cor que desejar.

4. Aplique bordas e cores à planilha. Preencha os meses na faixa de células **B8:G8**, de modo que ela fique como a exibida na Figura 3.23.

	A	B	C	D	E	F	G
1			Orçamento Doméstico				
2							
3	Rendimento	Jan	Fev	Mar	Abr	Mai	Jun
4	Salário	6.200,00	6.200,00	6.200,00	6.200,00	6.200,00	6.200,00
5	Banco	670,00	460,00	- 1.890,00	- 1.885,00	- 1.520,00	- 745,00
6	Total	6.870,00	6.660,00	4.310,00	4.315,00	4.680,00	5.455,00
7							
8	Despesas	Jan	Fev	Mar	Abr	Mai	Jun
9	Supermercado	730,00	1.120,00	1.080,00	1.130,00	1.230,00	1.080,00
10	Feira	230,00	190,00	210,00	205,00	105,00	210,00
11	Aluguel	1.150,00	1.150,00	1.150,00	1.150,00	1.150,00	1.150,00
12	Escola	880,00	880,00	880,00	880,00	880,00	880,00
13	Água/Luz	140,00	240,00	195,00	160,00	170,00	195,00
14	Telefone	200,00	430,00	340,00	230,00	210,00	210,00
15	Empregada	420,00	420,00	420,00	420,00	420,00	420,00
16	Médico	560,00	780,00	670,00	540,00	340,00	340,00
17	Carro	240,00	240,00	240,00	240,00	240,00	240,00
18	Seguro	450,00	450,00	450,00	450,00	450,00	450,00
19	Vestuário	900,00	1.760,00	230,00	230,00	90,00	120,00
20	Lazer	510,00	890,00	330,00	200,00	140,00	140,00
21	Total	6.410,00	8.550,00	6.195,00	5.835,00	5.425,00	5.435,00
22							
23	Saldo	460,00	- 1.890,00	- 1.885,00	- 1.520,00	- 745,00	20,00

Figura 3.23 - Planilha com bordas e cores aplicadas.

5. Feche o arquivo.

Caso não tenha gravado o arquivo antes desse comando, o Excel 2013 dá um aviso de alerta, como indica a Figura 3.24.

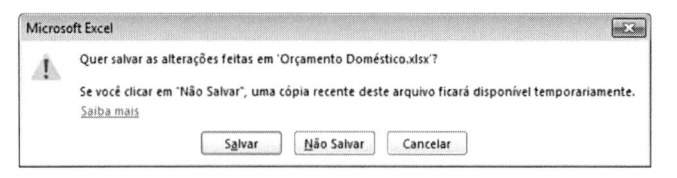

Figura 3.24 - Tela de advertência.

Quando esse aviso for apresentado, você pode escolher uma das três opções a seguir:

→ **Salvar:** confirma que deseja salvar o arquivo prestes a ser fechado.

→ **Não Salvar:** fecha o arquivo sem salvá-lo.

→ **Cancelar:** não salva nem fecha o arquivo, simplesmente sai da advertência sem que nada de diferente seja feito.

Office 4

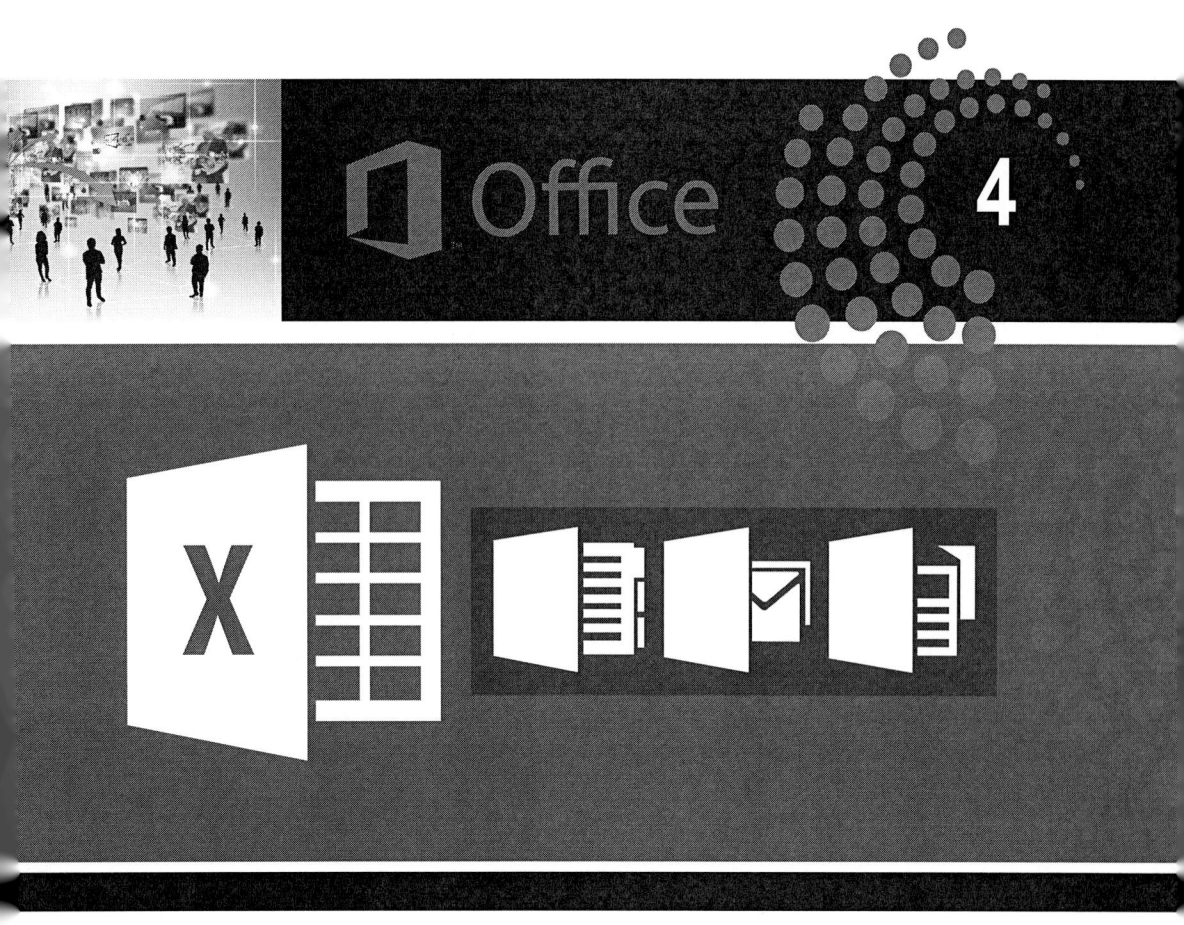

PREPARAÇÃO DE OUTRAS APLICABILIDADES

Objetivos

- Demonstrar o uso de cópias Relativas e Absolutas;
- Apresentar outras formas de cálculo;
- Aborda a função **=SE** do Excel 2013;
- Indica algumas funções matemáticas e trigonométricas;
- Determina algumas funções estatísticas.

4.1 Cópias

A cópia, no Excel 2013, é um dos recursos mais importantes e mais utilizados, pois abrevia muito o tempo de criação das fórmulas.

Existem basicamente dois tipos de cópias:

→ cópias Relativas;
→ cópias Absolutas.

4.1.1 O que são Cópias Relativas?

Para trabalhar de forma mais rápida e confortável, pode-se optar pelo recurso de cópia, que agiliza consideravelmente a construção de qualquer planilha.

Quando for utilizar a cópia, procure se valer do macete apresentado a seguir.

Identificar Origem

Para identificar a **Origem** da sua cópia (o que se deseja copiar), é preciso fazer a seguinte pergunta:

→ **O quê** eu quero copiar?

Após identificar **o quê** você deseja copiar, basta selecionar a área **Origem** e, em seguida, utilizar o comando:

   Guia: PÁGINA INICIAL
   Grupo: Área de Transferência
   Botão: Copiar

Então, os dados copiados são levados para uma área do Windows denominada Área de Transferência, que é a memória reservada para guardar até 24 dados copiados.

Pode-se ainda optar por utilizar o atalho das cópias ao utilizar a combinação **<Ctrl> + <C>**.

Identificar Destino

Uma vez identificada a **Origem**, o próximo passo é identificar o **Destino** da sua cópia; portanto, deve-se fazer a seguinte pergunta:

→ **Para onde** copiarei?

Após ter identificado **para onde** você deseja levar a cópia que está na Área de Transferência, selecione a área **Destino** e, em seguida, utilize o comando:

Guia: PÁGINA INICIAL

Grupo: Área de Transferência

Botão: Colar

Cola-se, então, os dados que se encontravam na Área de Transferência.

Pode-se ainda optar por utilizar o atalho das cópias, com a combinação **<Ctrl>+V**.

Para ter uma ideia melhor de como é o processo de cópia pelo Excel 2013, verifique o desenho da Figura 4.1. Toda cópia, por si apenas, é considerada **Relativa**.

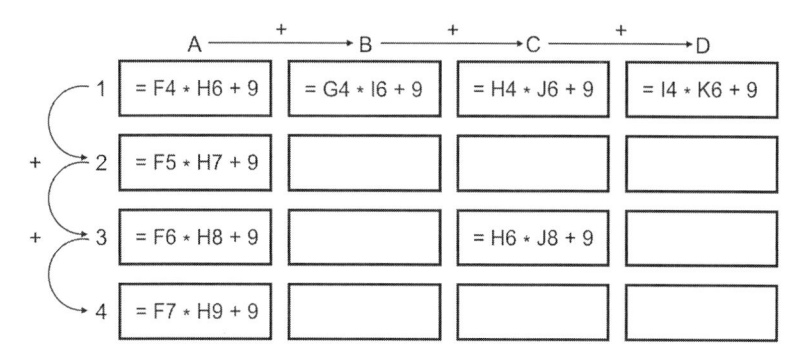

	A	B	C	D
1	= F4 * H6 + 9	= G4 * I6 + 9	= H4 * J6 + 9	= I4 * K6 + 9
2	= F5 * H7 + 9			
3	= F6 * H8 + 9		= H6 * J8 + 9	
4	= F7 * H9 + 9			

Figura 4.1 - Demonstração de cópia Relativa.

4.1.2 O que são Cópias Absolutas?

São cópias que conseguem manter parte ou todos os endereços de células fixos, sem que haja mudança do endereçamento durante a cópia, quando coladas no local de **Destino**.

Talvez seja necessário fixar a coluna de um determinado endereço de célula. Para tanto, as células devem corresponder a ideia do desenho apresentado na Figura 4.2.

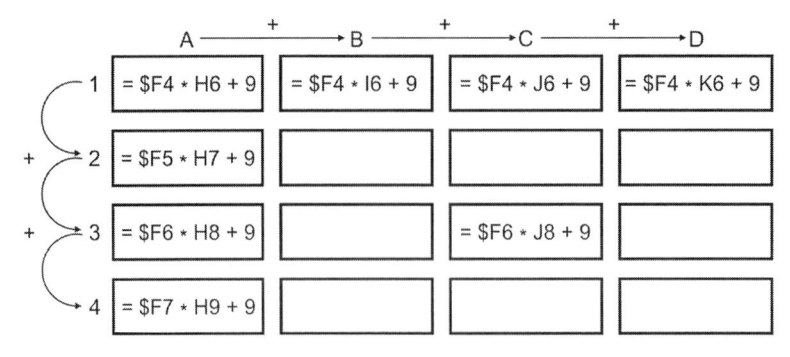

```
            +          +          +
    A ────────→ B ────────→ C ────────→ D
  ┌ 1  = $F4 * H6 + 9   = $F4 * I6 + 9   = $F4 * J6 + 9   = $F4 * K6 + 9
+ ├ 2  = $F5 * H7 + 9
+ ├ 3  = $F6 * H8 + 9                    = $F6 * J8 + 9
  └ 4  = $F7 * H9 + 9
```

Figura 4.2 - Demonstração de célula com a coluna fixada (mista).

Dependendo do caso, você pode desejar fixar uma linha de um determinado endereço de célula, e o resultado deve ficar como a ideia apresentada pela Figura 4.3.

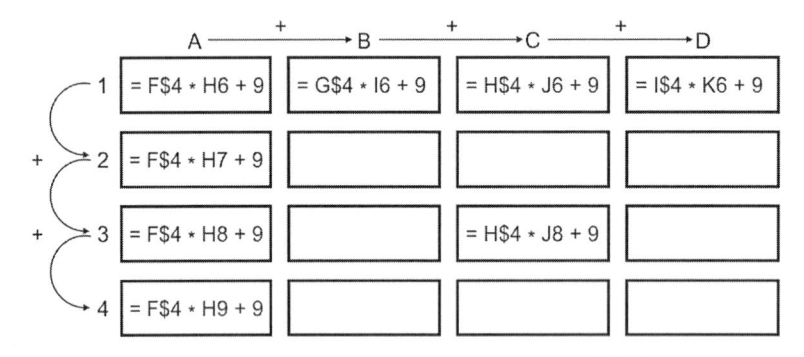

```
            +          +          +
    A ────────→ B ────────→ C ────────→ D
  ┌ 1  = F$4 * H6 + 9   = G$4 * I6 + 9   = H$4 * J6 + 9   = I$4 * K6 + 9
+ ├ 2  = F$4 * H7 + 9
+ ├ 3  = F$4 * H8 + 9                    = H$4 * J8 + 9
  └ 4  = F$4 * H9 + 9
```

Figura 4.3 - Demonstração de célula com a linha fixada (mista).

Pode ser que você necessite **Fixar** a coluna e a linha em um determinado endereço de célula. Neste caso, o resultado deve ficar como a Figura 4.4.

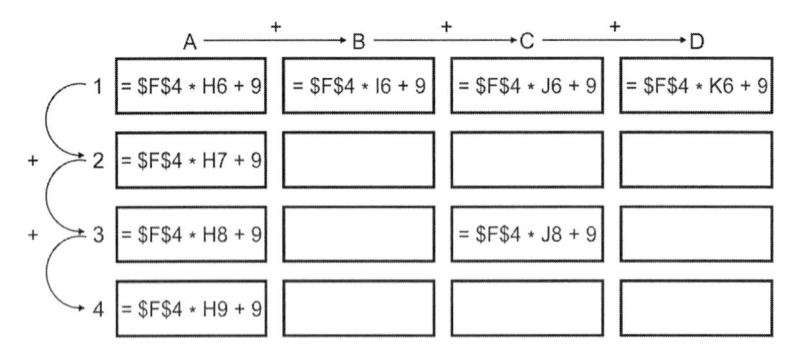

```
            +          +          +
    A ────────→ B ────────→ C ────────→ D
  ┌ 1  = $F$4 * H6 + 9  = $F$4 * I6 + 9  = $F$4 * J6 + 9  = $F$4 * K6 + 9
+ ├ 2  = $F$4 * H7 + 9
+ ├ 3  = $F$4 * H8 + 9                   = $F$4 * J8 + 9
  └ 4  = $F$4 * H9 + 9
```

Figura 4.4 - Demonstração de célula com a coluna e a linha fixadas (absoluta).

4.2 Planilha de Controle de Estoque

O objetivo dessa planilha é controlar o estoque de vídeos de uma locadora. Ela também pode ser usada, com as devidas adaptações, em outros contextos, de acordo com a necessidade de quem a criar.

1. Caso tenha fechado o Excel 2013 e não haja nenhuma planilha aberta, execute o comando a seguir e observe a Figura 4.5.

   Guia: ARQUIVO
   Novo
   Pasta de Trabalho em Branco
   [duplo clique]

Figura 4.5 - Área de busca de novos modelos.

2. Depois de executar esse procedimento, inicie a digitação dos dados nas devidas coordenadas, apresentadas na tabela a seguir.
3. Selecione a faixa de células **A1:F1**.
4. Aplique a centralização dessa faixa.
5. Deixe-a com tamanho **14**.
6. Repita o procedimento para a faixa de células **A2:F2**.
7. Deixe-a com tamanho **14**.
8. Aplique **Negrito** em toda a linha **4**.
9. Efetue as formatações já comentadas e procure deixar a planilha como a indicada na Figura 4.6.

	A	B	C	D	E	F
1	Locação de Vídeos					
2	Controle do Estoque - Diário					
3						
4	Filmes	Estoque Original	Quant. Alugado	Valor Unitário	Valor Alugado	Saldo do Estoque
5	Inimigo Meu	15	12	4,50		
6	Águia de Aço III	15	2	2,50		
7	O Cangaceiro	5	3	2,50		
8	Blade Runner	10	8	4,50		
9	Sem Lei Sem Alma	10	4	3,50		
10	A Múmia	25	21	4,50		
11	Star Wars	15	15	3,50		
12	Nosferatu	15	4	3,50		
13	Em Terreno Selvagem	20	34	4,50		
14						
15	Valor Total Alugado					
16	Valor Médio Alugado					
17	Maior Valor Alugado					
18	Menor Valor Alugado					

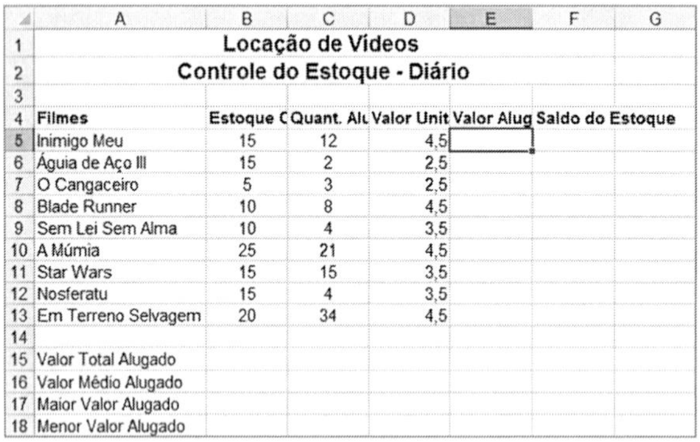

	A	B	C	D	E	F	G
1	Locação de Vídeos						
2	Controle do Estoque - Diário						
3							
4	Filmes	Estoque C	Quant. Alu	Valor Unit	Valor Alug	Saldo do Estoque	
5	Inimigo Meu	15	12	4,5			
6	Águia de Aço III	15	2	2,5			
7	O Cangaceiro	5	3	2,5			
8	Blade Runner	10	8	4,5			
9	Sem Lei Sem Alma	10	4	3,5			
10	A Múmia	25	21	4,5			
11	Star Wars	15	15	3,5			
12	Nosferatu	15	4	3,5			
13	Em Terreno Selvagem	20	34	4,5			
14							
15	Valor Total Alugado						
16	Valor Médio Alugado						
17	Maior Valor Alugado						
18	Menor Valor Alugado						

Figura 4.6 - Planilha de Controle de Estoque melhor formatada.

As informações referentes à linha **4** precisam de uma formatação especial, pois da forma como estão, os títulos não estão legíveis. Não é interessante ter um título de coluna muito grande para dados pequenos, portanto deve-se quebrar o texto na célula.

4.2.1 Como Quebrar Texto na Célula

O efeito da aplicação da **Quebra de Texto** em uma célula é bastante interessante, pois evita-se que parte do texto fique em uma célula e o restante em outra.

Procedimento

1. Selecione as células **B4:F4**.
2. Execute o comando:

    Guia: PÁGINA INICIAL

    Grupo: Alinhamento

    Botão: Quebrar Texto Automaticamente

Veja o efeito da quebra de texto nas células, apresentado na Figura 4.7.

Figura 4.7 - Quebra de texto nas células referentes à faixa B4:F4.

3. Centralize as informações referentes à faixa de células **B4:F4**.
4. Deixe as colunas **B:F** com largura de *8,5*.
5. Efetue os cálculos necessários para descobrir o **Valor Alugado** e o **Saldo do Estoque**, conforme segue:

    → **Valor Alugado** = Quant. Alugado * Valor Unitário

    → **Saldo do Estoque** = Estoque Original – Quant. Alugado
6. Repita essas fórmulas para os demais registros.
7. Aplique a formatação de **Separador de Milhares** à faixa: **D5:E13**.
8. Os números não correspondentes a dinheiro, devem ser centralizados.
9. Grave a planilha com o nome **CONTROLE DE ESTOQUE.XLS**.

A Figura 4.8 apresenta a aparência final da planilha após a execução das ações anteriores.

	A	B	C	D	E	F
1	Locação de Vídeos					
2	Controle do Estoque - Diário					
3						
4	Filmes	Estoque Original	Quant. Alugado	Valor Unitário	Valor Alugado	Saldo do Estoque
5	Inimigo Meu	15	12	4,50	54,00	3
6	Águia de Aço III	15	2	2,50	5,00	13
7	O Cangaceiro	5	3	2,50	7,50	2
8	Blade Runner	10	8	4,50	36,00	2
9	Sem Lei Sem Alma	10	4	3,50	14,00	6
10	A Múmia	25	21	4,50	94,50	4
11	Star Wars	15	15	3,50	52,50	0
12	Nosferatu	15	4	3,50	14,00	11
13	Em Terreno Selvagem	20	34	4,50	153,00	-14
14						
15	Valor Total Alugado					
16	Valor Médio Alugado					
17	Maior Valor Alugado					
18	Menor Valor Alugado					

Figura 4.8 - Planilha com cálculo efetuado e formatação concluída.

4.3 Operadores Relacionais

Para comparar grandezas, é preciso saber trabalhar com os **Operadores Relacionais**, pois são eles que dão condições de informarmos ao Excel 2013 o que desejamos.

>	Maior que
<	Menor que
>=	Maior ou igual
<=	Menor ou igual
=	Igual
<>	Diferente

4.4 Análise Primária de Problemas

O valor representado na célula **F13** está negativo, o que é um erro, pois a planilha trata de quantidade dos produtos, ou seja, de acordo com a tabela, mais vídeos do que o estoque possui foram alugados. Assim, é necessário controlar a saída.

Para corrigir o que está errado, basta proceder da seguinte forma:

→ Identifique se o problema é resultado de uma falha de digitação;

→ Verifique se o sistema não vislumbra a hipótese desse erro.

4.4.1 Como Usar a Função =SE

Essa função consegue comparar grandezas e, com base nessa comparação, auxiliar na tomada de decisão a respeito de qual caminho seguir. Verifique a sintaxe descrita:

=SE(CONDIÇÃO;VERDADEIRO;FALSO)

Se a condição for satisfeita, então, ela executa o que está no argumento **Verdadeiro**; caso contrário, o que está em **Falso**.

> **Observação**
>
> Os locais **Verdadeiro** e **Falso** podem conter textos, números ou fórmulas.

Procedimento

1. Posicione o cursor sobre a célula **F5**.
2. Selecione os dados **B5-C5** (com exceção do sinal de igual) na fórmula com base na **Barra de fórmulas**, como indica a Figura 4.9.

CÉL					=B5-C5	
	A	B	C	D	E	F	G
1		Locação de Vídeos					
2		Controle do Estoque - Diário					
3							
4	Filmes	Estoque Original	Quant. Alugado	Valor Unitário	Valor Alugado	Saldo do Estoque	
5	Inimigo Meu	15	12	4,50	54,00	=B5-C5	
6	Águia de Aço III	15	2	2,50	5,00	13	
7	O Cangaceiro	5	3	2,50	7,50	2	
8	Blade Runner	10	8	4,50	36,00	2	
9	Sem Lei Sem Alma	10	4	3,50	14,00	6	
10	A Múmia	25	21	4,50	94,50	4	
11	Star Wars	15	15	3,50	52,50	0	
12	Nosferatu	15	4	3,50	14,00	11	
13	Em Terreno Selvagem	20	34	4,50	153,00	-14	
14							
15	Valor Total Alugado						
16	Valor Médio Alugado						
17	Maior Valor Alugado						
18	Menor Valor Alugado						

Figura 4.9 - Seleção da fórmula com base na Barra de fórmulas.

3. Recorte com **<Ctrl> + X**.
4. Comece a escrever a nova fórmula com a utilização da função **=SE**, de tal modo que fique como indicada a seguir:

   =SE(B5>=C5;

5. Aplique a colagem com o **<Ctrl> + <V>** e finalize com o restante da fórmula.

   B5-C5;"Nulo")

6. Portanto, a fórmula deve ficar com a seguinte sintaxe:

   =SE(B5>=C5;B5-C5;"Nulo")

7. Finalize com **<Enter>**.

A fórmula digitada com a função **=SE** apresentou os seguintes elementos:

B5>=C5	**B5**: célula do conteúdo **Estoque Original**; **>=**: operadores relacionais de comparação **Maior ou igual**; **C5**: célula do conteúdo **Quant. Alugado**.
B5-C5	Fórmula da diferença entre **Estoque Original** e **Quant. Alugado**.
"Nulo"	**"Nulo"**: resposta negativa da função **=SE**, em que a resposta deverá ser nula por não existir volume negativo de quantidade para o **Saldo do Estoque**.

Copie para os demais registros, deixando a planilha similar à exibida pela Figura 4.10.

	A	B	C	D	E	F	G
1		Locação de Vídeos					
2		Controle do Estoque - Diário					
3							
4	Filmes	Estoque Original	Quant. Alugado	Valor Unitário	Valor Alugado	Saldo do Estoque	
5	Inimigo Meu	15	12	4,50	54,00	3	
6	Águia de Aço III	15	2	2,50	5,00	13	
7	O Cangaceiro	5	3	2,50	7,50	2	
8	Blade Runner	10	8	4,50	36,00	2	
9	Sem Lei Sem Alma	10	4	3,50	14,00	6	
10	A Múmia	25	21	4,50	94,50	4	
11	Star Wars	15	15	3,50	52,50	0	
12	Nosferatu	15	4	3,50	14,00	11	
13	Em Terreno Selvagem	20	34	4,50	153,00	Nulo	
14							
15	Valor Total Alugado						
16	Valor Médio Alugado						
17	Maior Valor Alugado						
18	Menor Valor Alugado						

Figura 4.10 - Nova fórmula aplicada aos demais registros.

8. Corrija a célula **C13** para o novo valor *20*.

9. Salve a planilha.

4.5 Ampliar Uso com Outras Funções

Para utilizar outras funções, deve-se preparar a planilha de maneira que tudo fique organizado, possibilitando o fácil entendimento. Para tanto, proceda da seguinte forma:

Procedimento

1. Posicione o cursor sobre a célula **E15**.

2. Digite a fórmula:

   =SOMA(E5:E13)

3. Posicione o cursor sobre a célula **E16**.

4. Digite a fórmula:

   =MÉDIA(E5:E13)

5. Posicione o cursor sobre a célula **E17**.

6. Digite a fórmula:

   =MÁXIMO(E5:E13)

7. Posicione o cursor sobre a célula **E18**.

8. Digite a fórmula:

   =MÍNIMO(E5:E13)

9. Salve novamente a planilha, observe a Figura 4.11 e compare com o resultado indicado a seguir.

	A	B	C	D	E	F
1		Locação de Vídeos				
2		Controle do Estoque - Diário				
3						
4	Filmes	Estoque Original	Quant. Alugado	Valor Unitário	Valor Alugado	Saldo do Estoque
5	Inimigo Meu	15	12	4,50	54,00	3
6	Águia de Aço III	15	2	2,50	5,00	13
7	O Cangaceiro	5	3	2,50	7,50	2
8	Blade Runner	10	8	4,50	36,00	2
9	Sem Lei Sem Alma	10	4	3,50	14,00	6
10	A Múmia	25	21	4,50	94,50	4
11	Star Wars	15	15	3,50	52,50	0
12	Nosferatu	15	4	3,50	14,00	11
13	Em Terreno Selvagem	20	20	4,50	90,00	0
14						
15	Valor Total Alugado				367,50	
16	Valor Médio Alugado				40,83	
17	Maior Valor Alugado				94,50	
18	Menor Valor Alugado				5,00	

Figura 4.11 - Planilha de Controle do Estoque finalizada.

4.5.1 Função =SE com Três Respostas

Quando você tiver três situações distintas, deve optar por uma solução chamada **IF Encadeado** ou **Funções Aninhadas**. Veja, em seguida, a sintaxe de uma função **=SE** com três respostas:

=SE(CONDIÇÃO1;VERDADEIRO1;SE(CONDIÇÃO2;VERDADEIRO2;FALSO))

O local **Falso** é a negativa de todas as condições anteriormente informadas. Observe a Figura 4.12, que apresenta o encadeamento conceituado:

= SE (CONDIÇÃO1; VERDADEIRO1; SE (CONDIÇÃO2; VERDADEIRO2; FALSO))

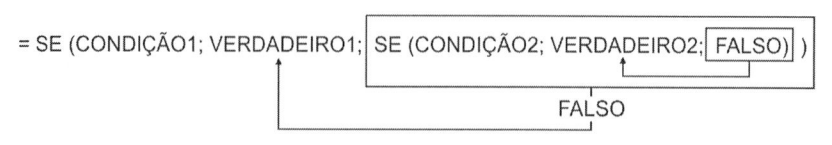

FALSO

Figura 4.12 - Diagrama hierárquico de Funções Aninhadas.

> **Observação**
> Até 64 funções **=SE** podem ser aninhadas Prefira usar a função **=PROCV** para substituir a função **=SE** com mais de três hipóteses.

Exercícios

1. Altere a fórmula da célula **F5** para a apresentada a seguir:

   =SE(B5>C5;B5-C5;SE(B5=C5;"Zerou";"Nulo"))

2. Copie-a para as demais células. Veja a Figura 4.13, que apresenta o resultado com as outras respostas. Salve e feche o arquivo.

	A	B	C	D	E	F
1	Locação de Vídeos					
2	Controle do Estoque - Diário					
3						
4	Filmes	Estoque Original	Quant. Alugado	Valor Unitário	Valor Alugado	Saldo do Estoque
5	Inimigo Meu	15	12	4,50	54,00	3
6	Águia de Aço III	15	2	2,50	5,00	13
7	O Cangaceiro	5	3	2,50	7,50	2
8	Blade Runner	10	8	4,50	36,00	2
9	Sem Lei Sem Alma	10	4	3,50	14,00	6
10	A Múmia	25	21	4,50	94,50	4
11	Star Wars	15	15	3,50	52,50	Zerou
12	Nosferatu	15	4	3,50	14,00	11
13	Em Terreno Selvagem	20	20	4,50	90,00	Zerou
14						
15	Valor Total Alugado				367,50	
16	Valor Médio Alugado				40,83	
17	Maior Valor Alugado				94,50	
18	Menor Valor Alugado				5,00	

Figura 4.13 - Planilha com as funções condicionais aplicadas.

4.6 Criar uma Planilha

Quando se fecha uma planilha no Excel 2013 e ele exibe a Área de Trabalho sem nenhuma planilha, Figura 4.14, para abrir um novo arquivo, deve-se proceder da seguinte forma:

1. Crie uma planilha.
2. Surge, então, uma nova planilha, pronta para ser trabalhada.

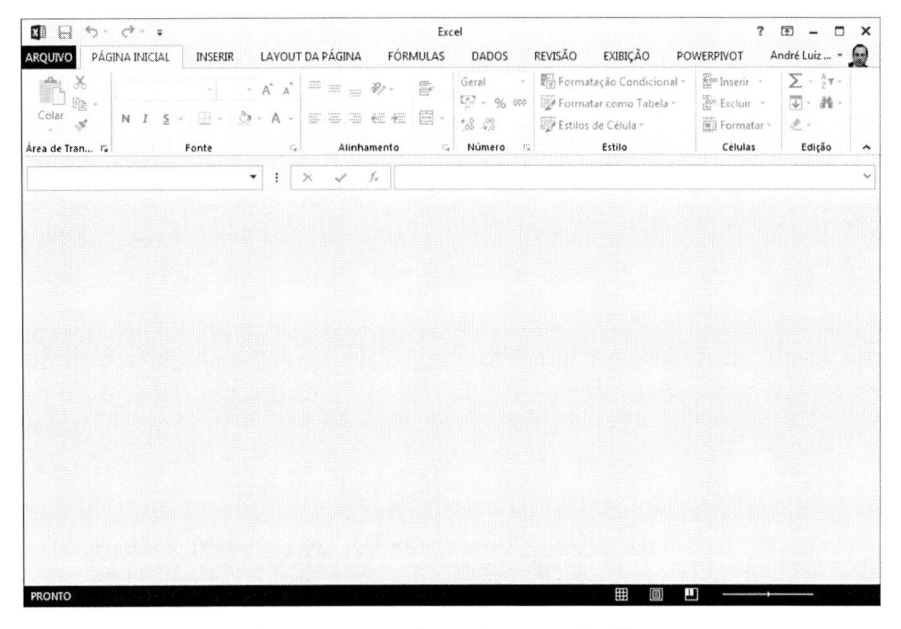

Figura 4.14 - Tela vazia, sem planilha.

4.7 Estrutura das Funções

O Excel 2013 oferece uma gama de **Funções Matemáticas**, que nos auxiliam a resolver problemas com a apresentação e o uso de valores numéricos.

É importante considerar que ele não vai ensinar Matemática e, tampouco, resolver problemas numéricos magicamente. Ele é somente uma ferramenta poderosa, que auxilia no controle de dados numéricos e suas peculiaridades.

Normalmente, as funções tratadas têm uma sintaxe. Verifique o modelo de uma função fictícia:

=FUNÇÃO.EXEMPLO(arg1;arg2)

Caso o nome da função seja composto, é separado por ponto, tais como os exemplos a seguir:

=ARREDONDAR.PARA.CIMA

=CONT.NÚM

Regras

→ Se mais de uma informação (argumento) for fornecida, ao trabalhar dentro de parênteses, deve ser separada por ponto e vírgula.

→ Não pode haver espaço dentro da função.

Procedimento

1. Para obter uma assistência de função, utilize o ícone **Inserir função**, que fica na **Barra de fórmulas** e que dá origem à **Caixa de diálogo** de mesmo nome, Figura 4.15:

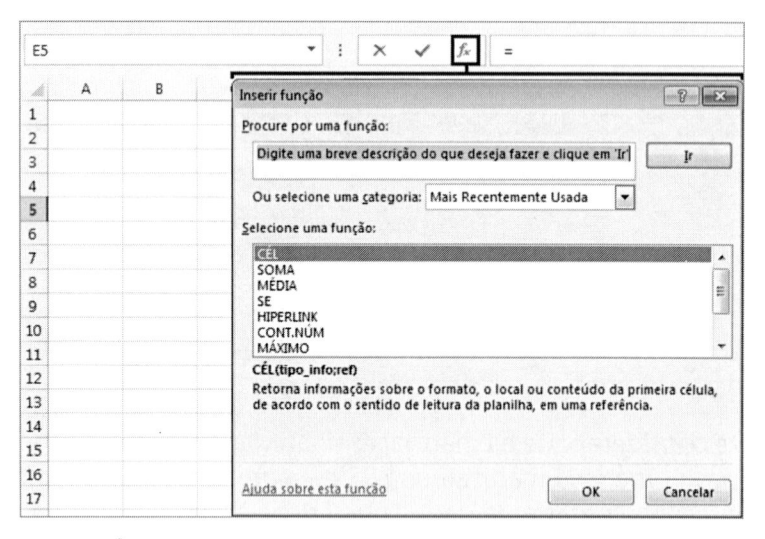

Figura 4.15 - Ícone na Barra de fórmulas e a Caixa de diálogo Inserir função.

2. Posicione o cursor sobre a célula **A1**.

3. Para um rápido teste, na categoria **Todas**, selecione a função **ABS**, e clique no botão **OK**.

4. Neste instante, são apresentados na tela o nome da função e um campo denominado **Núm**, no qual pode ser informado um valor numérico. Digite o valor −7 e observe a apresentação do resultado como 7. A Figura 4.16 indica essa ocorrência na Caixa de diálogo **Argumentos da função**.

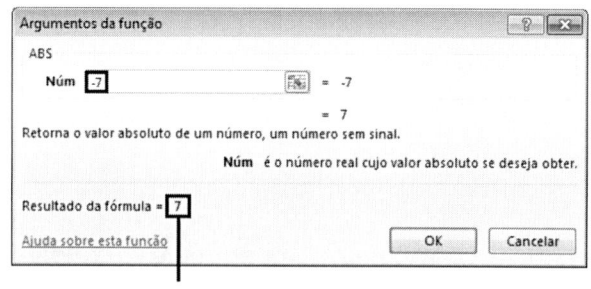

Resultado positivo apresentado

Figura 4.16 - Apresentação da função =ABS, escolhida na Caixa de diálogo Argumentos da função.

5. Se o botão **OK** for acionado, o valor informado e a função são inseridos dentro da célula sobre a qual o cursor estiver posicionado.

Observação

Como já é do seu conhecimento, há outra maneira de usar funções, bastando para isso digitar diretamente a função pretendida dentro da célula. Para que a função dê resultado, quando digitada diretamente em uma célula, ela deve ser **sempre** antecedida pelo caractere = (igual).

Importante

Ao iniciar uma função no Excel, ele apresenta uma legenda das informações referentes a cada elemento necessário e pedido na função escolhida.

Procedimento

1. Abra uma planilha em branco.

2. Escreva a seguinte função:

    =ABS(

Note que, à medida que a fórmula é digitada (para este teste, escreva cada letra vagarosamente, a fim de perceber a listagem de funções com as iniciais digitadas), o Excel 2013 exibe uma lista de funções.

3. Se desejar, insira qualquer valor negativo.
4. Termine com **<Enter>**.[4]

4.8 Utilização de Funções

Em seguida, são apresentados alguns exemplos de utilização das funções matemáticas e trigonométricas.

4.9 Funções Matemáticas e Trigonométricas

As funções matemáticas contribuem também para o cotidiano das empresas, para fins de arredondamentos, transformações de números negativos em positivos, imposição de valores absolutos ou inteiros a resultados, entre outras possibilidades.

4.9.1 Função =ABS

Essa função retorna o valor absoluto de um número. O valor absoluto de um número é o próprio número sem o respectivo sinal (**+** ou **–**). Converte qualquer número negativo em positivo.

=ABS(núm)

Em que:

→ **núm** é o número real do qual se deseja obter o valor absoluto.

Exemplos

=ABS(162)   = 162
=ABS(−162)   = 162

4.9.2 Função =ARRED

Essa função arredonda um número até uma quantidade especificada de dígitos, sendo possível determinar uma precisão numérica de **n** casas decimais.

=ARRED(núm;núm_dígitos)

---

[4] O Excel 2013 automaticamente fecha os parênteses quando se constrói uma fórmula.

Em que:

→ **núm** é o número que você deseja arredondar;

→ **núm_dígitos** especifica o número de dígitos para o qual você deseja arredondar **núm**.

Considere que:

→ Se **núm_dígitos** for maior que 0 (zero), **núm** é arredondado para o número especificado de casas decimais.

→ Se **núm_dígitos** for 0 (zero), **núm** é arredondado para o inteiro mais próximo.

→ Se **núm_dígitos** for menor que 0 (zero), **núm** é arredondado para a esquerda da vírgula decimal.

Exemplos

=ARRED(3,35; 1)   = 3,4

=ARRED(3,349; 1)   = 3,3

=ARRED(-3,475; 2)   = −3,48

4.9.3 Função =ARREDONDAR.PARA.BAIXO

Essa função tem o objetivo de arredondar um número para baixo, até 0 (zero).

=ARREDONDAR.PARA.BAIXO(núm;núm_dígitos)

Em que:

→ **núm** é qualquer número real que se deseja arredondar;

→ **núm_dígitos** é o número de dígitos para o qual se deseja arredondar **núm**.

Considere que:

→ Se **núm_dígitos** for maior que 0 (zero), o número é arredondado para menos, pelo número de casas decimais especificado.

→ Se **núm_dígitos** for 0 (zero) ou omitido, o número é arredondado para menos, até o valor inteiro mais próximo.

→ Se **núm_dígitos** for menor que 0 (zero), o número é arredondado para menos, à esquerda da vírgula decimal.

Exemplos

=ARREDONDAR.PARA.BAIXO(8,4; 0)   = 8

=ARREDONDAR.PARA.BAIXO(63,9; 0)   = 63

=ARREDONDAR.PARA.BAIXO(−3,14159; 3)   = −3,141

4.9.4 Função =ARREDONDAR.PARA.CIMA

Essa função tem o objetivo de arredondar um número para cima, afastando-o de 0 (zero)

=ARREDONDAR.PARA.CIMA(núm;núm_dígitos)

Em que:

→ **núm** é qualquer número real que se deseja arredondar;

→ **núm_dígitos** é o número de dígitos para o qual se deseja arredondar **núm**.

Considere que:

→ Se **núm_dígitos** for maior que 0 (zero), o número é arredondado para cima, pelo número de casas decimais especificado.

→ Se **núm_dígitos** for 0 (zero) ou omitido, o número é arredondado para cima, até o próximo inteiro.

→ Se **núm_dígitos** for menor que 0 (zero), o número é arredondado para cima, à esquerda da vírgula decimal.

Exemplos

=ARREDONDAR.PARA.CIMA(5,4;0)   = 6

=ARREDONDAR.PARA.CIMA(76,9;0)   = 77

=ARREDONDAR.PARA.CIMA(5,24159; 3)   = 5,242

=ARREDONDAR.PARA.CIMA(−3,34159; 1)   = −3,4

=ARREDONDAR.PARA.CIMA(31415,92; −2)   = 31500

4.9.5 Função =INT

Arredonda um número para baixo até o número **inteiro** mais próximo.

=INT(núm)

Em que:

→ **núm** é o número real que se deseja arredondar para baixo até um inteiro.

Exemplos

=INT(8,9)   = 8

=INT(8,4)   = 8

=INT(−8,9)   = −9

=INT(84,455)   = 84

=INT(899,999)   = 899

=INT(−80,0001)   = −81

4.9.6 Função =TRUNCAR

O objetivo dessa função é truncar um número para um inteiro, removendo a parte fracionária do número.

=TRUNCAR(núm;núm_dígitos)

Em que:

→ **núm** é o número que se deseja truncar;

→ **núm_dígitos** é um número que especifica a precisão da operação. O valor padrão para **núm_dígitos** é 0 (zero);

→ **=TRUNCAR e =INT** são semelhantes, pois retornam inteiros.

→ **=TRUNCAR** remove a parte fracionária do número.

→ **=INT** arredonda, para menos, até o número inteiro mais próximo, de acordo com o valor da parte fracionária do número.

→ **=INT e =TRUNCAR** são diferentes apenas quando usam números negativos:

→ **=TRUNCAR(−4,3)** retorna −4,

→ **=INT(−4,3)** retorna −5, porque −5 é o número menor.

Exemplos

=TRUNCAR(8,9)   = 8

=TRUNCAR(8,4)   = 8

=TRUNCAR(−8,9)   = −8

=TRUNCAR(84,455)   = 84

=TRUNCAR(899,999) = 899

=TRUNCAR(−80,0001) = −80

4.9.7 Função =LOG

Retorna o logaritmo de um número de uma base especificada.

Sua sintaxe:

=LOG(núm; base)

Em que:

→ **núm** é o número real positivo para o qual você deseja obter o logaritmo.

→ **base** é a base do logaritmo. Se a base for omitida, considera-se 10.

4.9.8 Função =LOG10

Retorna o logaritmo de base 10 de um número.

Sua sintaxe:

=LOG10(núm)

Em que:

→ **núm:** é o número real positivo para o qual você deseja obter o logaritmo na base 10.

4.9.9 Função =MOD

Retorna o resto da divisão de **núm** pelo seu divisor. O resultado possui o mesmo sinal que o divisor.

Sua sintaxe:

=MOD(núm;divisor)

Em que:

→ **núm** é o número para o qual você deseja encontrar o resto.

→ **divisor** é o número pelo qual você deseja dividir o número. Se o divisor for 0 (zero), então =MOD retorna o valor de erro #DIV/0!.

4.9.10 Função =PAR

Retorna o **núm** arredondado para o **inteiro par** mais próximo. Essa função pode ser usada para processar itens que aparecem em pares.

Por exemplo, um engradado aceita fileiras de um ou dois itens. O engradado está cheio quando o número de itens, arredondado para mais até o par mais próximo, preencher sua capacidade.

Sua sintaxe:

=PAR(núm)

Em que:

→ **núm** é o valor a ser arredondado. Se **núm** não for numérico, então **=PAR** retorna o valor de erro **#VALOR!**.

→ Independentemente do sinal de **núm**, um valor é arredondado quando diferente de 0 (zero). Se **núm** for um inteiro par, não há arredondamento.

4.9.11 Função =ÍMPAR

Essa função retorna o número arredondado para cima até o inteiro ímpar mais próximo.

Sua sintaxe:

=ÍMPAR(núm)

Em que:

→ **núm** é o valor a ser arredondado. Se **núm** não for numérico, **=ÍMPAR** retorna o valor de erro **#VALOR!**.

→ Independentemente do sinal de **núm**, um valor é arredondado para cima quando está longe de 0 (zero). Se **núm** for um inteiro ímpar, não há arredondamento.

4.9.12 Função =PI

Retorna o número **3,14159265358979**, a constante matemática π, com precisão de até 15 dígitos.

Sua sintaxe:

=PI()

4.9.13 Função =RAIZ

O objetivo dessa função é dar como resultado a raiz quadrada de um número positivo.

Sua sintaxe:

=RAIZ(núm)

Em que:

→ **núm** é o número do qual você deseja obter a raiz quadrada. Se **núm** for negativo, **=RAIZ** retorna o valor de erro **#NÚM!**.

4.9.14 Função =ROMANO

O objetivo dessa função é converter um número arábico em um algarismo romano. O número convertido é tratado como texto.

Sua sintaxe:

=ROMANO(núm)

Em que:

→ **núm** é o número que se deseja converter, sendo menor ou igual a **3999**.

4.9.15 Função =SOMA

O objetivo dessa função é converter um número arábico em algarismo romano. O número convertido é tratado como texto.

Sua sintaxe:

SOMA(núm1;núm2; ...)

Em que:

- **núm1; núm2;...** são argumentos de **1** a **255**, cuja soma ou valor total se deseja obter.

Importante

- Números, valores lógicos e representações em forma de texto para números digitados diretamente na lista de argumentos são contados.
- Se um argumento for uma matriz ou referência, apenas os números nessa matriz ou referência são contados: (células vazias, valores lógicos ou texto na matriz ou referência são ignorados).
- Argumentos que são valores de erro ou textos que não podem ser traduzidos em números geram erros.

4.10 Funções Estatísticas

Com base no exemplo do tópico anterior, referente às funções matemáticas e trigonométricas, serão apresentadas algumas funções estatísticas.

Exemplo

O exemplo a seguir apresenta uma tabela com o resultado de uma série de fórmulas e rótulos escritos, conforme indicado na coluna imediatamente à direita de cada uma das situações previstas:

	A		Origem ↓
1	Lista		
2	145		=140+5
3	12,45		12,45
4	23/12/06		23/12/06
5	#DIV/0!		=30/0
6	#NOME?		=30/A
7	Pedro		Pedro
8			
9	FALSO		=1=2

4.10.1 Função =CONT.NÚM

Permite contar quantas células contêm números e os números na lista de argumentos. É útil para descobrir quais os números existentes em uma faixa de células.

Imagine a seguinte fórmula, criada com base na célula **A11**:

=CONT.NÚM(A2:A9)

Seu resultado é = **3**, pois:

→ Os únicos números encontrados são os que estão em **A2**, **A3** e **A4**.

→ Os demais rótulos e fórmulas não trazem informações suficientes para serem considerados números.

4.10.2 Função =CONT.VALORES

Permite a contagem de quantas células têm conteúdo, ou seja, células não vazias.

Exemplo

Tente empregar a seguinte fórmula para a mesma lista apresentada anteriormente, feita com base na célula **A12**:

=CONT.VALORES(A2:A9)

Seu resultado é = **6**, pois:

→ Todas as células, com exceção de **A8**, estão preenchidas.

4.10.3 Função =CONTAR.VAZIO

Permite a contagem de quantas células **não** têm conteúdo, ou seja, células **vazias**.

Exemplo

Tente empregar a seguinte fórmula para a mesma lista apresentada anteriormente, feita com base na célula **A13**:

=CONTAR.VAZIO(A2:A9)

Seu resultado é = **1**, pois:

→ Apenas a célula **A8** está vazia.

4.10.4 Função =CONT.SE

O exemplo a seguir apresenta uma nova tabela, com uma lista de vendedores e suas respectivas vendas. Essa função é útil caso queira saber quantas vezes cada vendedor contribuiu dentro de um espaço de tempo qualquer.

A função efetua a soma após definir uma condição para o cálculo. Assim é possível, por exemplo, saber quantidades divididas por gênero, produto, venda, filial.

Procedimento

1. Crie a seguinte tabela, com base na faixa de células **H1:I9**:

	H	I
1	**Vendedor**	**Venda**
2	Pedro	200,00
3	Ana	120,00
4	Ana	1.200,00
5	Pedro	670,00
6	Pedro	100,00
7	Pedro	60,00
8	Ana	430,00
9	Carlos	1.100,00

Sua sintaxe:

=CONT.SE(intervalo;critérios)

Em que:

→ **intervalo** é a faixa de células que se deseja pesquisar;

→ **critérios** são os argumentos que se deseja localizar na pesquisa.

2. Imagine a seguinte fórmula, feita com base na célula **H11**:

=CONT.SE(H2:H9;"Pedro")

Seu resultado é = **4**, pois:

→ Somente **Pedro** contribuiu em **4** ocasiões.

→ Os demais rótulos e fórmulas não trazem informações suficientes para serem considerados.

4.10.5 Função =SOMASE

Efetua uma adição das células numéricas especificadas por um determinado critério, com base em uma faixa de dados.

Sua sintaxe:

=SOMASE(intervalo;critérios;intervalo_soma)

Em que:

→ **intervalo** é a faixa de células que se deseja pesquisar;

→ **critérios** são os argumentos que se deseja localizar na pesquisa;

→ **intervalo_soma** é a faixa correspondente à faixa em que estão localizados os dados em **intervalo**.

Tente empregar a seguinte fórmula para a mesma lista apresentada anteriormente, feita com base na célula **H13**:

=SOMASE(H2:H9;"Ana";I2:I9)

Seu resultado é = **1750**, pois:

→ Somente **Ana** contribuiu com essa quantia.

4.10.6 Função =MAIOR

Tem por finalidade retornar o maior valor de uma faixa específica. Entretanto, nessa função, é possível escolher uma escala de valores, do maior para o menor, de acordo com sua posição hierárquica relativa.

Sua sintaxe:

=MAIOR(matriz;k)

Em que:

→ **matriz** pode ser a faixa de células, com valores ordenados ou não;

→ **k:** é a posição relativa.

Tente empregar a seguinte fórmula para a mesma lista apresentada anteriormente, feita com base na célula **H14**:

=MAIOR(I2:I9;3)

Seu resultado é = **670**, pois:

→ É o **3º** maior valor existente nessa lista.

4.10.7 Função =MENOR

Tem por finalidade retornar o menor valor de uma faixa específica. Entretanto, nessa função, pode-se escolher uma escala de valores, do menor para o maior. É o inverso da função apresentada anteriormente.

Sua sintaxe:

=MENOR(matriz;k)

Em que:

→ **matriz** pode ser a faixa de células, com valores ordenados ou não;

→ **k** é a posição relativa.

Tente empregar a seguinte fórmula para a mesma lista apresentada anteriormente, feita com base na célula **H15**:

=MENOR(I2:I9;3)

Seu resultado é = 120, pois:

→ É o **3º** menor valor existente nessa lista.

4.10.8 Função =MÉDIA

Retorna a média aritmética dos argumentos, calculada pela soma de um grupo de números e da divisão pela quantidade desses números.

Sua sintaxe:

MÉDIA(núm1;núm2; ...)

Em que:

→ **núm1; núm2;...** são de **1** a **255** argumentos numéricos, cuja média você deseja obter.

Importante

→ Os argumentos podem ser números, ou nomes, matrizes ou referências que contenham números.

→ Os valores lógicos e as representações de números por extenso, digitados diretamente na lista de argumentos, são contados.

→ Se uma matriz ou argumento de referência contiver texto, valores lógicos ou células vazias, esses valores são ignorados; no entanto, células com valor zero são incluídas.

Importante

→ Ao calcular a média de células, lembre-se da diferença entre células vazias e aquelas que contêm o valor zero, ou seja, as células vazias não são contadas, mas os valores zero são.

Procedimento

Tente empregar a seguinte fórmula para a mesma lista apresentada anteriormente, feita com base na célula **H16**:

=MÉDIA(I2:I9)

Seu resultado é = **485**, pois:

→ Já foi feita a soma e a divisão pelo número de ocorrências.

4.10.9 Função =MÁXIMO

Retorna o valor máximo de um conjunto de valores.

Sua sintaxe:

MÁXIMO(núm1;núm2; ...)

Em que:

→ **núm1; núm2;...** são de **1** a **255** números, cujo valor máximo se deseja obter.

Importante

→ Os argumentos podem ser números, nomes, matrizes ou referências que contenham números.

→ Os valores lógicos e representações em forma de texto para números digitados diretamente na lista de argumentos são contados.

→ Se um argumento for uma matriz ou referência, apenas os números nessa matriz ou referência são usados. Células vazias, valores lógicos ou textos na matriz ou referência são ignorados.

→ Se os argumentos não contiverem números, =**MÁXIMO** retorna **0**.

→ Argumentos que são valores de erro ou textos que não podem ser traduzidos em números causam erros.

→ Se desejar incluir valores lógicos e representações de texto dos números em uma referência, como parte do cálculo, utilize a função =**MÁXIMOA**.

Procedimento

Tente empregar a seguinte fórmula para a mesma lista apresentada anteriormente, feita com base na célula **H17**:

=**MÁXIMO(I2:I9)**

Seu resultado é = **1200**, pois:

→ É o maior número dentro da faixa de células.

4.10.10 Função =MÍNIMO

Retorna o menor número na lista de argumentos.

Sua sintaxe:

MÍNIMO(núm1;núm2; ...)

Em que:

→ **núm1; núm2;...** são de **1** a **255** números, cujo valor mínimo se deseja obter.

Importante

→ Os argumentos podem ser números, nomes, matrizes ou referências que contenham números.

→ Os valores lógicos e representações em forma de texto para números digitados diretamente na lista de argumentos são contados.

→ Se um argumento for uma matriz ou referência, apenas os números nessa matriz ou referência são usados. Células vazias, valores lógicos ou textos na matriz ou referência são ignorados.

→ Se os argumentos não contiverem números, **=MÍNIMO** retorna **0**.

→ Argumentos que são valores de erro ou textos que não podem ser traduzidos em números causam erros.

→ Se desejar incluir valores lógicos e representações de texto dos números em uma referência, como parte do cálculo, utilize a função **=MÍNIMOA**.

Procedimento

Tente empregar a seguinte fórmula para a mesma lista apresentada anteriormente, feita com base na célula **H18**:

=MÍNIMO(I2:I9)

Seu resultado é = **60**, pois:

→ É o menor número dentro da faixa de células.

Exercícios

1. Teste cada um dos exemplos apresentados até então.

2. Efetue o cálculo usando as funções vistas anteriormente, baseando-se no valor seguinte:

    → Valor de cálculo: **7,5456678**

3. Descubra o valor absoluto.

4. Descubra o valor inteiro.

5. Trunque na 4ª casa decimal.
6. Arredonde na 4ª casa decimal.
7. Descubra o próximo **Valor Ímpar**.
8. Descubra o próximo **Valor Par**.
9. Crie a tabela a seguir em outra planilha:

	A	B
1	**Produto**	**Quant.**
2	Cadeira	20
3	Cadeira	40
4	Mesa	50
5	Cadeira	70
6	Mesa	80
7	Cadeira	30
8	Mesa	20
9	Sofá	15

10. Descubra a quantidade total do produto **Cadeira**.
11. Descubra quantas vezes aparece o produto **Mesa**.
12. Descubra a quantidade média geral.
13. Descubra a 2ª maior quantidade.
14. Descubra a 3ª menor quantidade.
15. Descubra o valor máximo.
16. Descubra o valor mínimo.

Anotações

Office 5

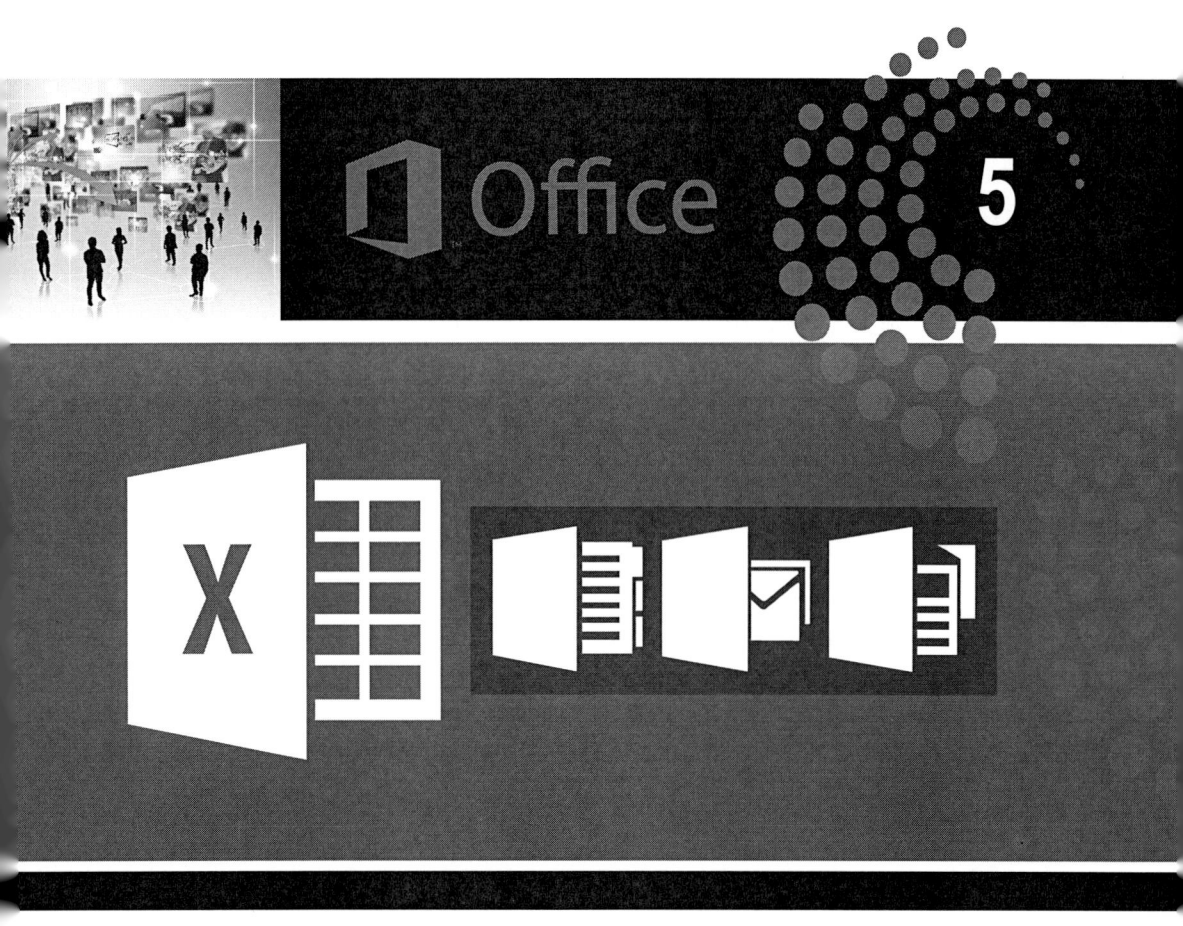

CRIAR PLANILHA DE PROJEÇÃO DE VENDAS

Objetivos

- Reforçar o conteúdo já abordado;
- Criar uma planilha que servirá de base para novos assuntos.

5.1 Criação da Planilha de Projeção

Imagine que você tenha um pequeno estabelecimento e, de acordo com as últimas vendas, deseje descobrir (projetar) o que ocorrerá nos próximos seis meses. Para tanto:

Procedimento

1. Construa uma planilha conforme a que é exibida na Figura 5.1.

	A	B	C	D	E	F	G
1			Mercearia Mércia & Ária				
2			Projeção de Vendas - Kgs				
3							
4	Produto	Jul	Ago	Set	Out	Nov	Dez
5	Açaí	63,2					
6	Cajá	39,0					
7	Mangaba	55,0					
8	Sapoti	44,5					
9	Umbú	75,0					
10							
11	Peso Total						
12	Peso Médio						
13	Maior Peso						
14	Menor Peso						
15							

Figura 5.1 - Estrutura da planilha já formatada.

2. Essa planilha tem o objetivo de projetar um avanço de vendas, em quilos, dos produtos. Consideram-se as taxas de acréscimo seguintes, que serão adicionadas aos produtos.

   → **Açaí:** 2%;

   → **Cajá:** 3%;

   → **Mangaba:** 5%;

   → **Sapoti:** 3%;

   → **Umbú:** 4%.

3. Na célula **C5**, digite a primeira fórmula, que deve ficar como segue:

   =B5*2%+B5

4. Na célula **C6**, digite a segunda fórmula, a qual deve ser:

   =B6*3%+B6

5. Continue o procedimento, considerando que as fórmulas devem ser criadas de acordo com a tabela de porcentagem definida anteriormente, até o produto **Umbú**.

5.2 Marca Inteligente

É uma ferramenta de auxílio à tomada de decisão quando o usuário efetua ações repetitivas, equivocadas ou que precisem ser concluídas em menos etapas.

Existem algumas classes de marcas inteligentes[5], mas as mais comuns são aquelas que acompanham a edição, seja por motivo de cópia ou pela inclusão equivocada de uma fórmula.

Note que, ao executar a fórmula, passou a aparecer um pequeno sinal triangular no canto da célula **C7**.

Procedimento

1. Posicione o cursor sobre a referida célula **C7**.
2. Note que, com isso, surge um botão com um sinal de exclamação (**!**).
3. Clique nesse botão, conforme indicado na Figura 5.2.

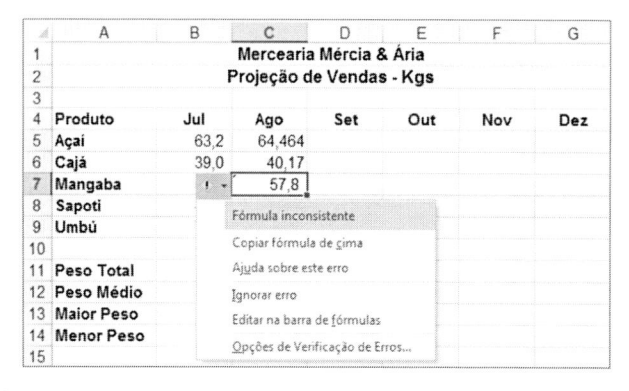

Figura 5.2 - Apresentação da marca inteligente na célula C7.

4. Clique na opção **Ignorar erro**.

Essa marca identifica uma provável inconsistência na fórmula, pois, seguindo a orientação, ela deveria se apresentar da seguinte forma:

---

5   Marca inteligente = *smart tag*.

=B5*2%+B5

=B6*3%+B6

=B7*4%+B7

Ou ainda:

=B5*2%+B5

=B6*2%+B6

=B7*2%+B7

E não como foi determinado, como vemos:

=B5*2%+B5

=B6*3%+B6

=B7*5%+B7

Para a marca inteligente, o ideal seria haver uma progressão aritmética, pois os primeiros valores deram essa impressão.

5.2.1 Cópia de Faixas de Células: Origem e Destino

No entanto, para o exemplo adotado, isso não deve ocorrer.

1. Selecione a faixa de células **C5:C9**.
2. Tecle **<Ctrl> + C** para copiar a faixa selecionada e observe a Figura 5.3.

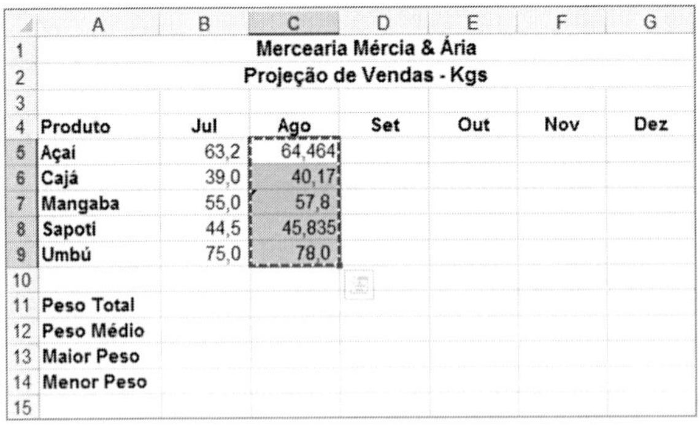

	A	B	C	D	E	F	G
1			Mercearia Mércia & Ária				
2			Projeção de Vendas - Kgs				
3							
4	Produto	Jul	Ago	Set	Out	Nov	Dez
5	Açaí	63,2	64,464				
6	Cajá	39,0	40,17				
7	Mangaba	55,0	57,8				
8	Sapoti	44,5	45,835				
9	Umbú	75,0	78,0				
10							
11	Peso Total						
12	Peso Médio						
13	Maior Peso						
14	Menor Peso						
15							

Figura 5.3 - Células marcadas como Origem.

3. Selecione a faixa **D5:G9**. Veja a Figura 5.4.

	A	B	C	D	E	F	G	H
1			Mercearia Mércia & Ária					
2			Projeção de Vendas - Kgs					
3								
4	Produto	Jul	Ago	Set	Out	Nov	Dez	
5	Açaí	63,2	64,464					
6	Cajá	39,0	40,17					
7	Mangaba	55,0	57,8					
8	Sapoti	44,5	45,835					
9	Umbú	75,0	78,0					
10								
11	Peso Total							
12	Peso Médio							
13	Maior Peso							
14	Menor Peso							

Figura 5.4 - Área de Destino marcada.

4. Tecle **<Enter>** para finalizar o processo de colagem.

5. Infelizmente, o Excel continua a entender que há uma inconsistência nas fórmulas existentes na linha **7**. Por isso, determine **Ignorar erro** após ter selecionado as células com essas observação.

6. Defina todos os números com apenas **uma casa decimal**.

7. Salve a planilha com o nome **Projeção de Vendas**.

8. Determine as fórmulas para:
    → **Peso Total**;
    → **Peso Médio**;
    → **Maior Peso**;
    → **Menor Peso**.

9. Copie-as para os demais meses e repare se a planilha está similar ao indicado pela Figura 5.5.

	A	B	C	D	E	F	G
1			Mercearia Mércia & Ária				
2			Projeção de Vendas - Kgs				
3							
4	Produto	Jul	Ago	Set	Out	Nov	Dez
5	Açaí	63,2	64,5	65,8	67,1	68,4	69,8
6	Cajá	39,0	40,2	41,4	42,6	43,9	45,2
7	Mangaba	55,0	57,8	60,6	63,7	66,9	70,2
8	Sapoti	44,5	45,8	47,2	48,6	50,1	51,6
9	Umbú	75,0	78,0	81,1	84,4	87,7	91,2
10							
11	Peso Total	276,7	286,2	296,1	306,3	317,0	328,0
12	Peso Médio	55,3	57,2	59,2	61,3	63,4	65,6
13	Maior Peso	75,0	78,0	81,1	84,4	87,7	91,2
14	Menor Peso	39,0	40,2	41,4	42,6	43,9	45,2

Figura 5.5 - Planilha pronta.

10. Salve a planilha novamente.

5.3 Agilizar as Entradas e Mudanças de Dados

Suponha que essa planilha deva sofrer algumas alterações em suas taxas, o que refletirá nos demais meses. Para mudá-las, é preciso editar a fórmula original e copiá-la para os outros meses, conforme indicado a seguir.

Procedimento

1. Posicione o cursor sobre a célula **C5**, que deve ter a fórmula:

   =B5*2%+B5

2. Entretanto, a taxa não deve ser mais **2%** a serem aplicados aos meses seguintes, mas **6%**, de modo que a fórmula fique:

   =B5*6%+B5

3. Para editar a fórmula, aperte a **tecla de função <F2> Editar**, para que o cursor fique piscando à direita dela.

4. Mova-o até o algarismo **2** e troque-o pelo **6**.

5. Tecle **<Enter>**.

Repare que, além do valor de **Ago** haver mudado, também foram mudados os valores dos demais meses.

Na verdade, somente a célula **C5** está com a nova taxa correta. Deve-se então copiar a fórmula para as demais células, que estão à direita, da seguinte forma:

6. Use a combinação **<Ctrl> + Z** para desfazer a última entrada.

   Para eliminar a probabilidade desse problema, deve-se ter como critério de raciocínio o seguinte:

   → O item que a ser alterado é apenas o valor da taxa da fórmula. Assim, para agilizar, deve existir uma coluna definida com exclusividade para as taxas.

   → Escolha o local adequado para a coluna de taxas.

Observação

Substitua, sempre que possível, um valor por uma referência de célula na fórmula que está sendo criada.

5.3.1 Incluir Colunas nas Planilhas

A planilha de projeção de vendas, que você utiliza no momento, foi elaborada de forma que, se houver uma mudança em alguma das taxas, será preciso modificar a fórmula à qual pertence e, depois, copiá-la para as demais células. Isso ocorre porque a taxa está embutida na fórmula.

Vamos, então, inserir uma coluna para a taxa, entre as colunas **Produtos** e **Jul**, conforme segue.

Procedimento

1. Clique no nome da coluna **B**, conforme indica a Figura 5.6, pois é nesse local que será inserida uma nova coluna, destinada às **Taxas**.

	A	B	C	D	E	F	G
1			Mercearia Mércia & Ária				
2			Projeção de Vendas - Kgs				
3							
4	Produto	Jul	Ago	Set	Out	Nov	Dez
5	Açaí	63,2	64,5	65,8	67,1	68,4	69,8
6	Cajá	39,0	40,2	41,4	42,6	43,9	45,2
7	Mangaba	55,0	57,8	60,6	63,7	66,9	70,2
8	Sapoti	44,5	45,8	47,2	48,6	50,1	51,6
9	Umbú	75,0	78,0	81,1	84,4	87,7	91,2
10							
11	Peso Total	276,7	286,2	296,1	306,3	317,0	328,0
12	Peso Médio	55,3	57,2	59,2	61,3	63,4	65,6
13	Maior Peso	75,0	78,0	81,1	84,4	87,7	91,2
14	Menor Peso	39,0	40,2	41,4	42,6	43,9	45,2
15							

Figura 5.6 - Planilha com coluna B selecionada.

2. Execute o comando:

    Guia: PÁGINA INICIAL

    Grupo: Células

    Botão: Inserir

Sua planilha deve ficar com aspecto semelhante ao apresentado na Figura 5.7.

	A	B	C	D	E	F	G	H
1			Mercearia Mércia & Ária					
2			Projeção de Vendas - Kgs					
3								
4	Produto		Jul	Ago	Set	Out	Nov	Dez
5	Açaí		63,2	64,5	65,8	67,1	68,4	69,8
6	Cajá		39,0	40,2	41,4	42,6	43,9	45,2
7	Mangaba		55,0	57,8	60,6	63,7	66,9	70,2
8	Sapoti		44,5	45,8	47,2	48,6	50,1	51,6
9	Umbú		75,0	78,0	81,1	84,4	87,7	91,2
10								
11	Peso Total		276,7	286,2	296,1	306,3	317,0	328,0
12	Peso Médio		55,3	57,2	59,2	61,3	63,4	65,6
13	Maior Peso		75,0	78,0	81,1	84,4	87,7	91,2
14	Menor Peso		39,0	40,2	41,4	42,6	43,9	45,2
15								

Figura 5.7 - Planilha com uma nova coluna inserida.

3. Após inserir essa coluna, digite as taxas em suas respectivas células, conforme indica a Figura 5.8.

	A	B	C	D	E	F	G	H
1			Mercearia Mércia & Ária					
2			Projeção de Vendas - Kgs					
3								
4	Produto	Taxas	Jul	Ago	Set	Out	Nov	Dez
5	Açaí	2%	63,2	64,5	65,8	67,1	68,4	69,8
6	Cajá	3%	39,0	40,2	41,4	42,6	43,9	45,2
7	Mangaba	5%	55,0	57,8	60,6	63,7	66,9	70,2
8	Sapoti	3%	44,5	45,8	47,2	48,6	50,1	51,6
9	Umbú	4%	75,0	78,0	81,1	84,4	87,7	91,2
10								
11	Peso Total		276,7	286,2	296,1	306,3	317,0	328,0
12	Peso Médio		55,3	57,2	59,2	61,3	63,4	65,6
13	Maior Peso		75,0	78,0	81,1	84,4	87,7	91,2
14	Menor Peso		39,0	40,2	41,4	42,6	43,9	45,2
15								

Figura 5.8 - Taxas digitadas na nova coluna.

5.3.2 Correção da Fórmula

Agora falta corrigir a fórmula, pois há uma redundância nos dados, já que na fórmula especifica-se **2%** e a célula **B5** também contém **2%**.

Observe

Em vez de a fórmula ser:

=C5*2%+C5

Deve ser:

=C5*_B5_+C5

Dessa forma, não há mais a preocupação de, a cada mudança, copiar a fórmula para os demais meses.

1. Posicione o cursor sobre a célula **D5** e altere a fórmula para:

   =C5*B5+C5

2. Use-a como **Origem**, executando o comando de cópia.

3. Selecione a faixa: **D6:D9** como **Destino** e cole.

Assim, as fórmulas passam a ficar com os endereços corretos, além de haver não mais o problema de a marca inteligente informar inconsistência.

4. Marque a faixa **D5:D9** e utilize-a como **Origem** para a cópia.

5. Selecione a faixa **E5:H9** como **Destino** e cole.

Não se assuste com o que aconteceu, está tudo certo!

Observe a Figura 5.9, que exibe o **Estouro** de células.

	A	B	C	D	E	F	G	H	I
1				Mercearia Mércia & Ária					
2				Projeção de Vendas - Kgs					
3									
4	Produto	Taxas	Jul	Ago	Set	Out	Nov	Dez	
5	Açai	2%	63,2	64,5	4.138,6	######	######	######	
6	Cajá	3%	39,0	40,2	1.606,8	66.152,0	######	######	
7	Mangaba	5%	55,0	57,8	3.234,0	######	######	######	
8	Sapoti	3%	44,5	45,8	2.085,5	97.674,0	######	######	
9	Umbú	4%	75,0	78,0	5.928,0	######	######	######	
10									
11	Peso Total		276,7	286,2	16.992,9	######	######	######	
12	Peso Médio		55,3	57,2	3.398,6	######	######	######	
13	Maior Peso		75,0	78,0	5.928,0	######	######	######	
14	Menor Peso		39,0	40,2	1.606,8	66.152,0	######	######	
15									

Figura 5.9 - Apresentação do estouro de células na planilha.

5.3.3 Estouro

Houve um **estouro**, pois a fórmula copiada era **Relativa** (sempre serão relativas as fórmulas copiadas que dependem do sentido para o qual estão indo, em virtude da necessidade de atualização dos endereços).

Verifica-se, portanto, que enquanto as fórmulas da célula **D5** (**Origem**) eram copiadas para as células **D6:D9** (**Destino**), todos os endereços foram trocados, mantendo sempre a relação das taxas e dos valores de cada produto, o que está correto!

O problema só ocorreu porque, quando se copiou a fórmula da faixa **D5:D9** (**Origem**) para a faixa **E5:H9 (Destino)**, houve uma mudança nos endereços das taxas dentro das colunas **Set** a **Dez**, expressando um resultado incorreto.

Observe que em **E5**, a fórmula deveria ser =**D5*B5+D5 em vez de** =**D5*C5+D5**.

Para solucionar esses problemas, a coluna que contém as porcentagens passa a ser **Absoluta** na planilha, ou seja, a referida célula deve fixar a fórmula, de forma que todas as fórmulas seguintes tenham de buscar as taxas nela encontradas.

Observe, em seguida, a Figura 5.10, que indica como prender a célula quando **não** se deseja efetuar uma **Cópia Relativa**.

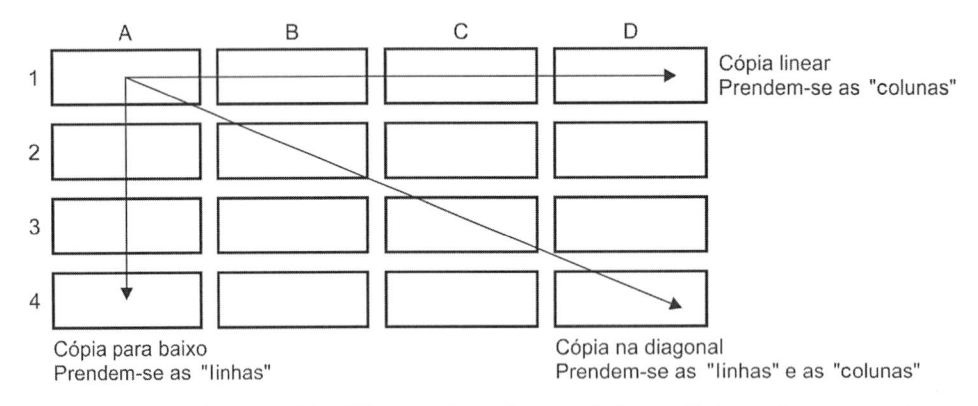

Figura 5.10 - Dica para identificar se deve fixar a cópia por linha, coluna ou ambas.

Procedimento

1. Posicione o cursor sobre a célula **D5**.

2. Edite a fórmula, deixando-a com a seguinte sintaxe:

    =**C5*$B5+C5**

3. Copie a nova fórmula para a faixa de células **D5:H9**.

4. Altere os valores das taxas. Assim, todas as células recebem essa nova informação.

Importante

Por meio do sinal de cifrão é que se prendem as células a serem fixadas. Porém, devem-se considerar as seguintes combinações de fixação:

→ **B5:** coluna e linha **Relativas**;

→ **$B5:** coluna **B Absoluta**; linhas **Relativas**;

→ **B$5:** colunas **Relativas**; linha **5 Absoluta**;

→ **$B$5:** coluna **B** e linha **5 Absolutas**.

Após terminar todas as edições, compare ao que é apresentado na Figura 5.11:

	A	B	C	D	E	F	G	H
1			Mercearia Mércia & Ária						
2			Projeção de Vendas - Kgs						
3								
4	Produto	Taxas	Jul	Ago	Set	Out	Nov	Dez
5	Açaí	2%	63,2	64,5	65,8	67,1	68,4	69,8
6	Cajá	3%	39,0	40,2	41,4	42,6	43,9	45,2
7	Mangaba	5%	55,0	57,8	60,6	63,7	66,9	70,2
8	Sapoti	3%	44,5	45,8	47,2	48,6	50,1	51,6
9	Umbú	4%	75,0	78,0	81,1	84,4	87,7	91,2
10								
11	Peso Total		276,7	286,2	296,1	306,3	317,0	328,0
12	Peso Médio		55,3	57,2	59,2	61,3	63,4	65,6
13	Maior Peso		75,0	78,0	81,1	84,4	87,7	91,2
14	Menor Peso		39,0	40,2	41,4	42,6	43,9	45,2
15								

Figura 5.11 - Planilha totalmente concluída.

Exercícios

1. Qual o símbolo responsável por prender o endereço de uma célula dentro de uma fórmula?

2. Supondo que seu cursor esteja na célula **B4**, sobre a fórmula **=C8*45+E9**, como é possível prender as colunas?

3. Ainda nessa mesma fórmula, como será o resultado se ela for copiada para a célula **E4**?

4. No mesmo endereço, **B4**, como ficará a fórmula se copiada para a célula **B15**?

5. Com a mesma fórmula apresentada no endereço **B4**, como ficará a fórmula se copiada para a célula **E15**?

Anotações

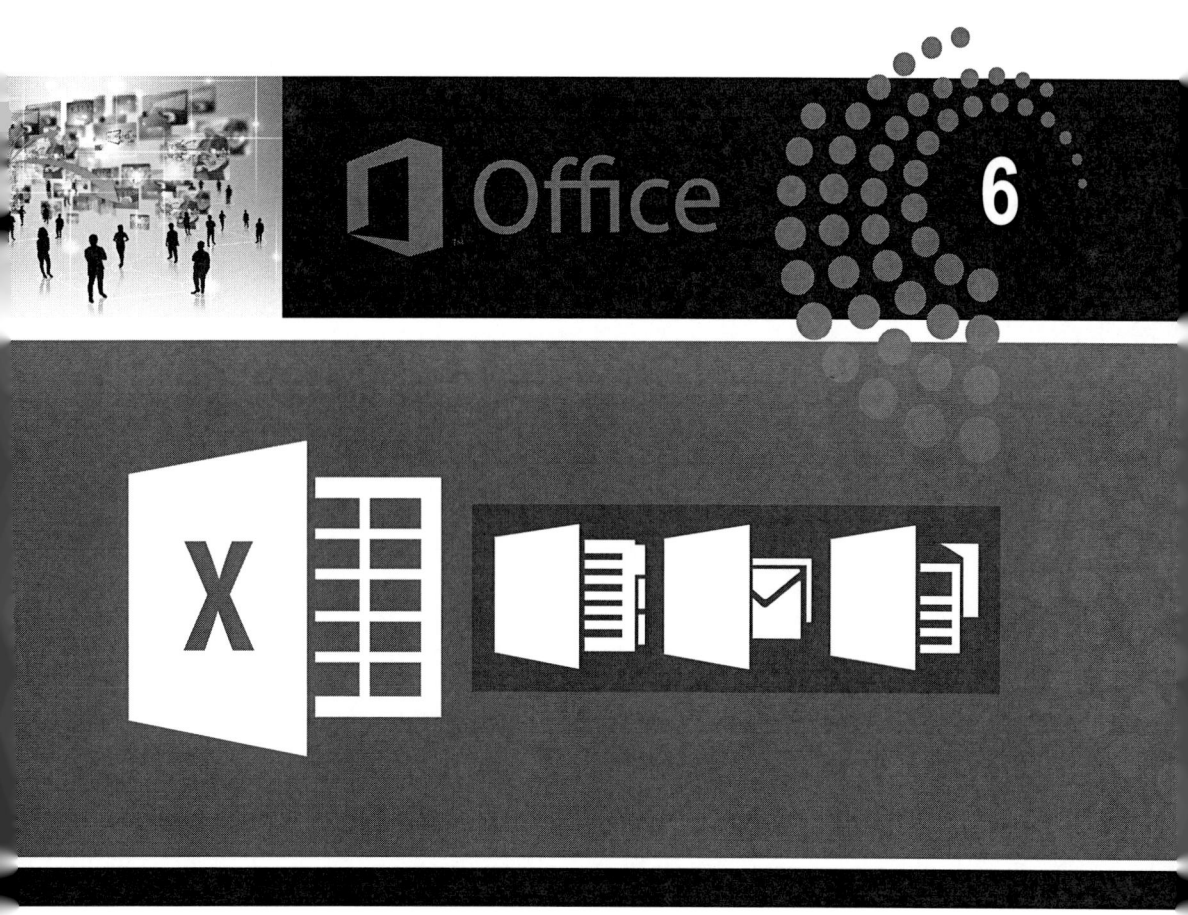

Planilha de Controle de Comissão

Objetivos

- Apresentar outras funções de auxílio à tomada de decisão para procura e referenciação de células;
- Aplicar meios de dinamizar as edições de fórmulas;
- Preencher cores, diferentes de acordo com resultados obtidos.

6.1 Criar uma Planilha e suas Referências

Estudo de Caso

Necessidade: Fazer um "bico", para garantir renda extra.

Motivo: Ingressar na faculdade.

Regras: O trabalho consiste em vender os produtos (A e B), em qualquer lugar em que seja possível vendê-los. O cálculo vai se basear na soma dos dois produtos. Para isso, há uma tabela que controla o percentual merecido de comissão em relação ao volume de vendas calculado.

Prêmio: Quem vender mais, ganha mais. Quem vender menos, ganha menos.

Penalidade: Uma sequência de vendas abaixo da meta estabelecida, pode acarretar a demissão do vendedor.

Importante

→ Escreva a estrutura indicada a seguir, iniciando na célula **A1**.

→ Sua planilha deve estar dentro da faixa **A1:F68**.

→ Salve-a com o nome **Controle de Comissão**.

Procedimento

1. Crie a estrutura base dessa planilha, disposta na tabela apresentada a seguir.

2. Formate as áreas de acordo com as seguintes orientações:

   → **A1:F1:** centralize a seleção;

   → **A2:F2:** centralize a seleção;

   → **H3:F3:** centralize a seleção;

   → **Linha 4:** quebrar o texto automaticamente;

   → **I5:I12:** use o separador de 1000 (.).

Audácia & Requinte Imports Ltda.					
Listagem de Vendas - Nov/06					
Vendedores	Período	Produto	Valor Unitário	Quant.	Valor Total
Anna Baptista	Semana 2	Abajur		4	
Anna Baptista	Semana 2	Abajur		4	
Carlos Eduardo	Semana 4	Abajur		7	
Carlos Eduardo	Semana 4	Abajur		7	
Carlos Eduardo	Semana 4	Abajur		7	
Carlos Eduardo	Semana 4	Abajur		10	
Carlos Eduardo	Semana 4	Abajur		10	
Carlos Eduardo	Semana 1	Abajur		3	
Carlos Eduardo	Semana 1	Abajur		3	
Maria Eduarda	Semana 4	Abajur		9	
Maria Eduarda	Semana 4	Abajur		9	
Maria Eduarda	Semana 2	Abajur		7	
Maria Eduarda	Semana 2	Abajur		7	
Anna Baptista	Semana 4	Luminária		8	
Anna Baptista	Semana 4	Luminária		8	
Anna Baptista	Semana 3	Luminária		4	
Anna Baptista	Semana 3	Luminária		4	
Carlos Eduardo	Semana 3	Luminária		8	
Carlos Eduardo	Semana 3	Luminária		8	
Carlos Eduardo	Semana 2	Luminária		12	
Carlos Eduardo	Semana 2	Luminária		12	
Lourdes Maria	Semana 1	Luminária		5	
Lourdes Maria	Semana 1	Luminária		5	
Pedro Rangel	Semana 2	Luminária		8	
Anna Baptista	Semana 4	Mesa Carrara		2	
Anna Baptista	Semana 4	Mesa Carrara		2	

Vendedores	Período	Produto	Valor Unitário	Quant.	Valor Total
Carlos Eduardo	Semana 3	Mesa Carrara		5	
Carlos Eduardo	Semana 3	Mesa Carrara		5	
Anna Baptista	Semana 3	Pedestal		9	
Anna Baptista	Semana 3	Pedestal		9	
Pedro Rangel	Semana 4	Pedestal		7	
Pedro Rangel	Semana 4	Pedestal		7	
Anna Baptista	Semana 4	Quadro		6	
Anna Baptista	Semana 4	Quadro		6	
Anna Baptista	Semana 2	Quadro		2	
Anna Baptista	Semana 2	Quadro		2	
Anna Baptista	Semana 1	Quadro		12	
Anna Baptista	Semana 1	Quadro		12	
Carlos Eduardo	Semana 3	Quadro		7	
Lourdes Maria	Semana 4	Quadro		3	
Lourdes Maria	Semana 4	Quadro		4	
Lourdes Maria	Semana 4	Quadro		4	
Lourdes Maria	Semana 4	Quadro		4	
Lourdes Maria	Semana 4	Quadro		4	
Lourdes Maria	Semana 3	Quadro		8	
Lourdes Maria	Semana 3	Quadro		8	
Lourdes Maria	Semana 2	Quadro		4	
Lourdes Maria	Semana 2	Quadro		4	
Lourdes Maria	Semana 2	Quadro		15	
Lourdes Maria	Semana 2	Quadro		15	
Maria Eduarda	Semana 4	Quadro		5	
Maria Eduarda	Semana 4	Quadro		5	
Maria Eduarda	Semana 4	Quadro		6	
Maria Eduarda	Semana 4	Quadro		6	
Maria Eduarda	Semana 4	Quadro		6	
Maria Eduarda	Semana 4	Quadro		6	

Vendedores	Período	Produto	Valor Unitário	Quant.	Valor Total
Pedro Rangel	Semana 3	Quadro		5	
Pedro Rangel	Semana 3	Quadro		5	
Pedro Rangel	Semana 3	Quadro		7	
Pedro Rangel	Semana 3	Quadro		7	
Carlos Eduardo	Semana 4	Tapete Irã		9	
Carlos Eduardo	Semana 4	Tapete Irã		9	
Carlos Eduardo	Semana 3	Tapete Irã		3	
Carlos Eduardo	Semana 3	Tapete Irã		3	

6.2 Como Usar a Função =PROCV

Essa função tem a característica de possibilitar a pesquisa em uma tabela de um valor que seja correspondente a outro, retornando, assim, o valor de correspondência.

Exemplos

→ Uma lista de ramais em que se deseja saber o número da pessoa pesquisada;

→ Um cardápio no qual se deseja saber o valor do prato desejado;

→ De acordo com o volume de vendas, saber qual a comissão correspondente.

6.2.1 Função =PROCV

A função **=PROCV** localiza um valor na primeira coluna de uma matriz de tabela e efetua o retorno do valor correspondente na mesma linha, em uma matriz que tenha, no mínimo, duas colunas.

→ A primeira coluna chama-se **Coluna Índice**.

→ As demais colunas são chamadas de **Colunas de Retorno** ou **Descolamento**.

A sintaxe mínima dessas colunas é:

=PROCV(Val. da Pesq;Tab. de Pesq;Deslocamento;*Valor Lógico*)

Em que:

→ **Valor da Pesquisa** é o número que se compara na pesquisa;

→ **Tabela de Pesquisa** é a tabela em que há parâmetros de comparação;

→ **Deslocamento** é a coluna na tabela de pesquisa da qual se deseja o retorno do valor ou dado localizado;

→ **Valor Lógico** é opcional, sendo a identificação lógica que determina se a tabela está disposta de forma organizada (alfabeticamente ou numericamente). A omissão dessa informação já a determina como uma tabela organizada.

6.3 Preparação da Segunda Parte da Planilha

A planilha que está sendo criada deve ter a matriz de tabela em suas células, identificando os produtos e seus respectivos valores.

Procedimento

1. Crie a seguinte matriz de tabela, com os dados da coluna de indexação, em ordem alfabética, da célula **H4** em diante, como indica a Figura 6.1.

	H	I
1	Tabela de valores	
2		
3		
4	Produto	Valor
5	Abajur	1.350,00
6	Conjunto Jantar	8.750,00
7	Luminária	3.475,00
8	Mesa Carrara	12.300,00
9	Pedestal	890,00
10	Quadro	4.500,00
11	Tapete Irã	23.000,00
12	Ventilador	1.450,00

Figura 6.1 - Criação da matriz de tabela para o uso da função =PROCV.

2. Para descobrir qual o **Valor Unitário**, deve-se efetuar o cálculo com base na célula **D5**.

3. Cria-se a fórmula com a função **=PROCV**, cuja sintaxe deve ficar:

   =PROCV(C5;H$5:I$12;2)

C5	Célula que tem o nome do produto cujo valor correspondente se deseja localizar. Esse nome deve estar na coluna indexadora da tabela.
H$5:I$12	Faixa de dados em que está a tabela comparativa das correspondências entre **Produto** e **Valor**. Essa faixa já está com o endereço das linhas fixado, pois deve ser usado para futura cópia, mantendo assim sua faixa de dados.
2	É a segunda coluna que se deseja pesquisar dentro da tabela que está na faixa H$5:I$12, ou seja, deseja-se retornar o **Valor** correspondente ao **Produto** localizado.

Observação

No instante da criação da fórmula, atente à fixação das células.

4. Copie a fórmula para a faixa de células **D6:D68** e compare com o que é exibido na Figura 6.2.

	A	B	C	D	E	F
1			Audácia & Requinte Imports Ltda.			
2			Listagem de Vendas - Nov/06			
3						
4	Vendedores	Período	Produto	Valor Unitário	Quant.	Valor Total
5	Anna Baptista	Semana 2	Abajur	1.350,00	4	
6	Anna Baptista	Semana 2	Abajur	1.350,00	4	
7	Carlos Eduardo	Semana 4	Abajur	1.350,00	7	
8	Carlos Eduardo	Semana 4	Abajur	1.350,00	7	
9	Carlos Eduardo	Semana 4	Abajur	1.350,00	7	
10	Carlos Eduardo	Semana 4	Abajur	1.350,00	10	
11	Carlos Eduardo	Semana 4	Abajur	1.350,00	10	
12	Carlos Eduardo	Semana 1	Abajur	1.350,00	3	
13	Carlos Eduardo	Semana 1	Abajur	1.350,00	3	
14	Maria Eduarda	Semana 4	Abajur	1.350,00	9	
15	Maria Eduarda	Semana 4	Abajur	1.350,00	9	
16	Maria Eduarda	Semana 2	Abajur	1.350,00	7	

Figura 6.2 - Planilha de controle de comissão com aplicação da função =PROCV.

Repare que a pesquisa trouxe exatamente o valor referente ao produto apontado.

5. Na célula **F5**, crie a fórmula que multiplicará **Valor Unitário** por **Quant.** e a copie para as demais células.

6. Salve o arquivo.

6.4 Uso de Guias na Planilha

Existem três **guias** (**Plan1**, **Plan2** e **Plan3**) bem abaixo da folha de cálculo do Excel 2013.

Para alterar os nomes predefinidos, basta proceder como segue.

Procedimento

1. Dê um duplo clique sobre o título que se deseja alterar, no caso, **Plan1**.
2. Escreva o novo título da folha da planilha, que é *Listagem*.
3. Finalize com **<Enter>**.
4. Efetue duplo clique sobre o título que se deseja alterar, no caso, **Plan2**.
5. Escreva o novo título da folha da planilha, que é *Prêmio*.
6. Finalize com **<Enter>**.
7. Determine a seguinte disposição dos dados na planilha **Prêmio** e compare ao que é apresentado na Figura 6.3.

    → **A3:** Vendedor;

    → **B3:** Total Vendido;

    → **C3:** Comissão;

    → **D3:** Situação.

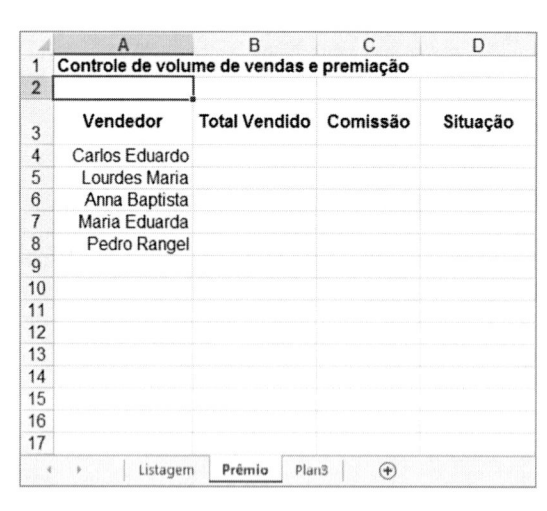

Figura 6.3 - Folha Prêmio com dados para o início do controle de distribuição dos prêmios.

6.5 AutoPreenchimento

Há um recurso que, em muitos casos, substitui a cópia. Ele se trata do **AutoPreenchimento**, abordado em seguida.

Procedimento

1. Na célula **F3**, escreva **Valor Vendido**.
2. Na célula **G3**, escreva **% Comissão**.
3. Clique na célula **F4**.
4. Digite o valor **0**.
5. Clique na célula **F5**.
6. Digite o valor **25000**.
7. Formate a célula com o botão **Separador de Milhares**. O valor **0** se transforma em traço, mas é considerado zero da mesma maneira.
8. Selecione a faixa **F4:F5**, conforme indicado na Figura 6.4.

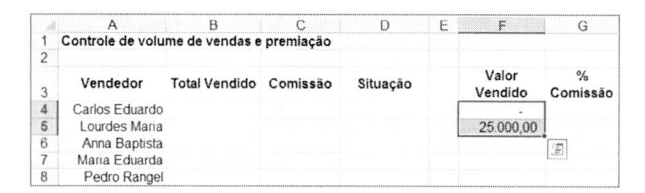

Figura 6.4 - Seleção da faixa de células para o uso do recurso AutoPreenchimento.

9. Posicione o ponteiro do mouse sobre o pequeno quadrado existente na parte inferior direita da célula selecionada, conforme indica a Figura 6.5.

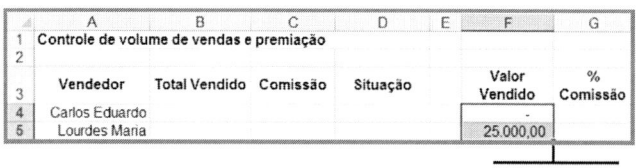

Figura 6.5 - Local sobre o qual deve estar o ponteiro do mouse para uso do AutoPreenchimento.

10. Assim que o ponteiro for alterado para uma pequena cruz, deixe-a pressionada e arraste-a para baixo, até a célula **F20**, que marca o valor **400.000,00**. Solte-a em seguida. Compare com o que é exibido pela Figura 6.6.

11. Clique na célula **G4**.

12. Digite o valor *0,10%*.

13. Clique na célula **G5**.

14. Digite o valor *0,37%*.

15. Selecione a faixa **G4:G5**.

16. Efetue o preenchimento até a célula **G20**, conforme indica a Figura 6.7.

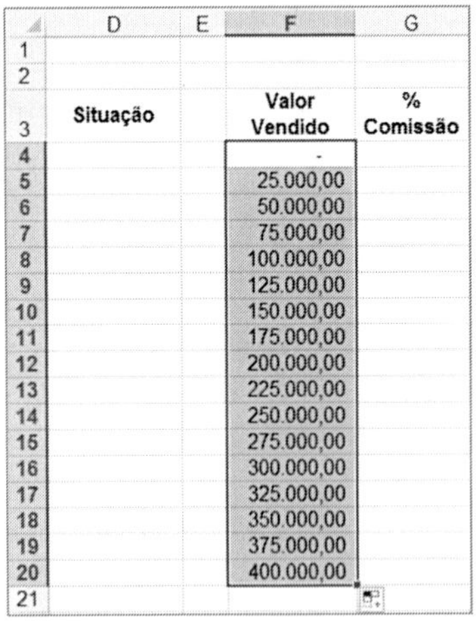

	D	E	F	G
1				
2				
3	Situação		Valor Vendido	% Comissão
4			-	
5			25.000,00	
6			50.000,00	
7			75.000,00	
8			100.000,00	
9			125.000,00	
10			150.000,00	
11			175.000,00	
12			200.000,00	
13			225.000,00	
14			250.000,00	
15			275.000,00	
16			300.000,00	
17			325.000,00	
18			350.000,00	
19			375.000,00	
20			400.000,00	
21				

Figura 6.6 - Resultado após o uso do AutoPreenchimento.

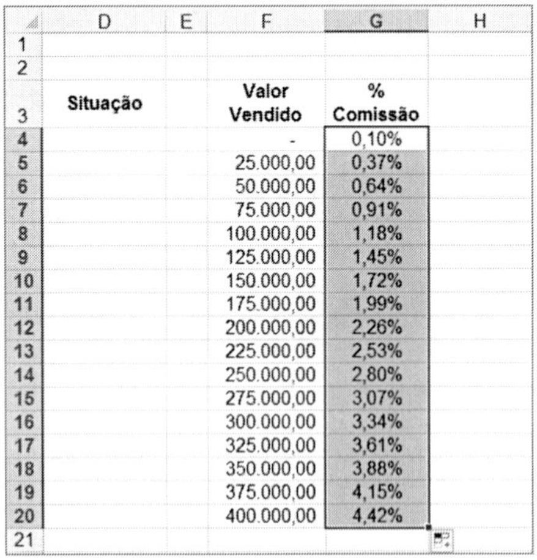

	D	E	F	G	H
1					
2					
3	Situação		Valor Vendido	% Comissão	
4			-	0,10%	
5			25.000,00	0,37%	
6			50.000,00	0,64%	
7			75.000,00	0,91%	
8			100.000,00	1,18%	
9			125.000,00	1,45%	
10			150.000,00	1,72%	
11			175.000,00	1,99%	
12			200.000,00	2,26%	
13			225.000,00	2,53%	
14			250.000,00	2,80%	
15			275.000,00	3,07%	
16			300.000,00	3,34%	
17			325.000,00	3,61%	
18			350.000,00	3,88%	
19			375.000,00	4,15%	
20			400.000,00	4,42%	
21					

Figura 6.7 - Outra faixa de células preenchida com o AutoPreenchimento.

17. Posicione o cursor sobre a célula **B4**.

18. Salve o arquivo.

6.6 Uso Prático da Função =SOMASE

Para efetuar a distribuição das comissões entre os vendedores, é necessário ter o valor exato da soma da venda de cada um deles ao longo do período. Para tanto, proceda como segue.

Procedimento

1. Ainda na **guia Prêmio** e com o cursor em **B4**, escreva a seguinte fórmula:

   =SOMASE(Listagem!A$5:A$68;Prêmio!A4;Listagem!F$5:F$68)

Listagem!A$5:A$68	Na folha **Listagem**, é a faixa em que estão dispostos os nomes dos vendedores. Atente para os sinais de cifrão.
Prêmio!A4	O critério é o nome do vendedor que está na célula **A4** da folha **Prêmio**.
Listagem!F$5:F$68	Na folha **Listagem**, é a faixa em que estão dispostos os valores vendidos. Atente para os sinais de cifrão.

2. Com o recurso de **AutoPreenchimento**, copie a fórmula para as demais células abaixo e compare o resultado com a Figura 6.8.

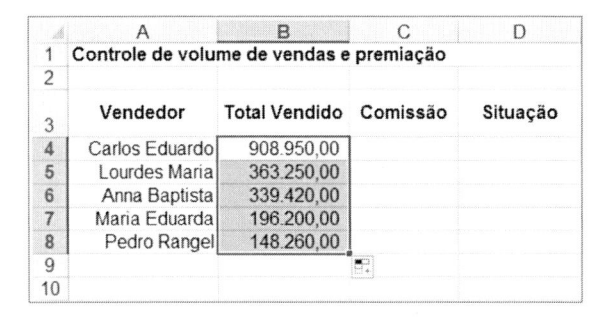

Figura 6.8 - Cálculo da função =SOMASE, copiada para cada um dos vendedores.

3. Clique na célula **C4**.

4. Escreva a fórmula a seguir a fim de descobrir o valor de comissão que cada um deve receber.

   =PROCV(B4;F$4:G$20;2)*B4

B4	É a célula que contém o **Total Vendido** para cada vendedor.
F$4:G$20	É a tabela em que estão dispostas as taxas de comissão referentes aos possíveis valores vendidos. Atente para os sinais de cifrão.
2	É a segunda coluna de deslocamento da pesquisa, que referencia **% Comissão**.
B4	É a célula que contém o **Total Vendido** pelo vendedor, que deve ser multiplicado pela taxa obtida pela função =**PROCV**.

5. Copie-a para as demais células. Compare com o que é apresentado na Figura 6.9.

	A	B	C	D
1	Controle de volume de vendas e premiação			
2				
3	Vendedor	Total Vendido	Comissão	Situação
4	Carlos Eduardo	908.950,00	40.175,59	
5	Lourdes Maria	363.250,00	14.094,10	
6	Anna Baptista	339.420,00	12.253,06	
7	Maria Eduarda	196.200,00	3.904,38	
8	Pedro Rangel	148.260,00	2.149,77	
9				

Figura 6.9 - Cálculo da Comissão efetuado e distribuído entre os vendedores.

6. Posicione o cursor sobre a célula **D4**.

7. Em seguida, escreva a condição que determinará se o vendedor superou a meta de **R$ 200.000,00**:

=SE(B4>200000;"Superou";"Não superou")

8. Copie a fórmula para as demais células e compare com o que é exibido na Figura 6.10.

	A	B	C	D
1	Controle de volume de vendas e premiação			
2				
3	Vendedor	Total Vendido	Comissão	Situação
4	Carlos Eduardo	908.950,00	40.175,59	Superou
5	Lourdes Maria	363.250,00	14.094,10	Superou
6	Anna Baptista	339.420,00	12.253,06	Superou
7	Maria Eduarda	196.200,00	3.904,38	Não superou
8	Pedro Rangel	148.260,00	2.149,77	Não superou
9				

Figura 6.10 - Condição aplicada para determinar se o vendedor superou a meta.

9. Salve a planilha.

6.7 Formatação Condicional

Com o objetivo de melhorar o acabamento visual da planilha **Controle de Comissão**, a coluna de **Situação** pode ser configurada a fim de apresentar os textos **Superou** e **Não superou**, em cores diferentes. Por exemplo:

→ **Superou:** cor verde;

→ **Não superou:** cor vermelha.

Procedimento

1. Selecione a faixa **D4:D8** e note seu posicionamento na Figura 6.11.

	A	B	C	D	E
1	Controle de volume de vendas e premiação				
2					
3	Vendedor	Total Vendido	Comissão	Situação	
4	Carlos Eduardo	908.950,00	40.175,59	Superou	
5	Lourdes Maria	363.250,00	14.094,10	Superou	
6	Anna Baptista	339.420,00	12.253,06	Superou	
7	Maria Eduarda	196.200,00	3.904,38	Não superou	
8	Pedro Rangel	148.260,00	2.149,77	Não superou	
9					

Figura 6.11 - Planilha com a área corretamente selecionada para a aplicação da formatação condicional.

2. Execute o comando:

   Guia: PÁGINA INICIAL

   Grupo: Estilo

   Botão: Formatação Condicional

3. Da listagem apresentada, escolha a opção **Realçar Regras das Células**.

4. Em seguida, surge outra listagem. Selecione a opção **É Igual a...** . Surge então a Caixa de diálogo **É Igual a**, Figura 6.12.

   É Igual a
   Formatar células que são IGUAIS A:
   Superou   com   Preenchimento Verde e Texto Verde Escuro
   OK   Cancelar

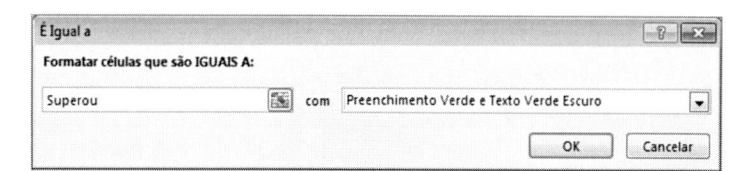

Figura 6.12 - Caixa de diálogo É Igual a que permite configurar o texto Superou.

5. Na primeira lacuna vazia, escreva *Superou*, e, no campo **com**, defina a formatação como **Preenchimento Verde e Texto Verde Escuro**.

6. Repita os passos de 1 a 4 e defina, para o texto *Não superou*, a configuração **Preenchimento Vermelho e Texto Vermelho Escuro**. Veja se está semelhante ao exibido na Figura 6.13:

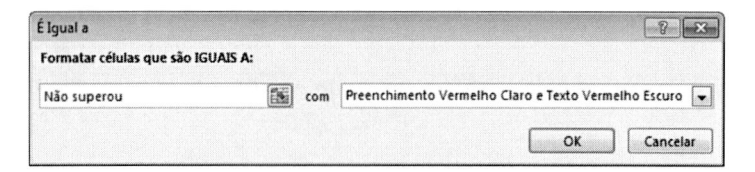

Figura 6.13 - Caixa de diálogo É Igual a que permite configurar o texto Não superou.

6.7.1 Mudança de uma Regra Aplicada

Caso queira efetuar uma mudança na formatação, por exemplo, adicionar **Negrito** e **Itálico**, de uma regra que já foi aplicada:

1. Selecione a faixa de células em que estão as regras.
2. Execute o comando de aplicação da formatação condicional, porém escolha a opção **Gerenciar Regras...**
3. Surge a Caixa de diálogo **Gerenciador de Regras de Formatação Condicional**, como indica a Figura 6.14:

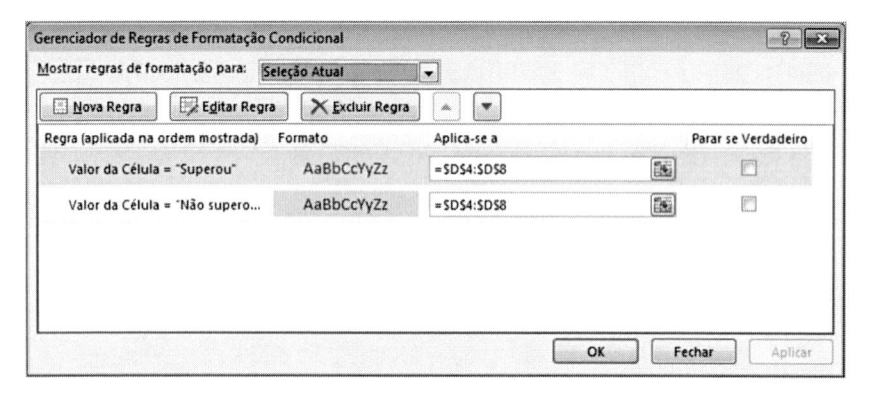

Figura 6.14 - Caixa de diálogo Gerenciador de Regras de Formatação Condicional.

4. Clique na regra que deseja alterar, neste caso, a que pertence a **Não superou**.

5. Clique no botão **Editar Regra**. Apresenta-se a Caixa de diálogo **Editar Regra de Formatação**, como indica a Figura 6.15.

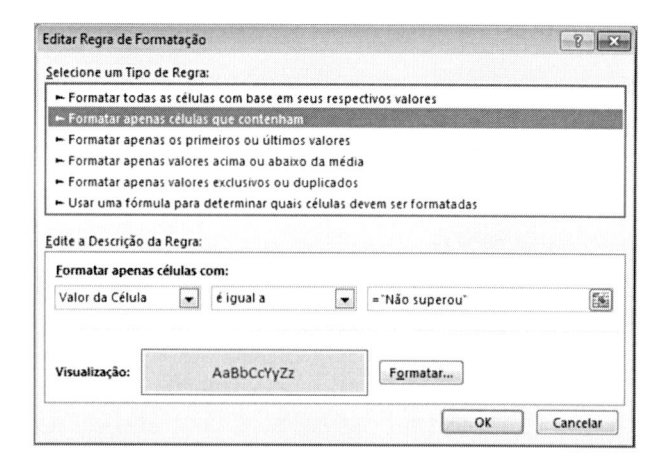

Figura 6.15 - Caixa de diálogo Editar Regra de Formatação.

6. Clique no botão **Formatar...** .

7. Defina o **Estilo da fonte** como **Negrito itálico**.

8. Clique no botão **OK** em cada uma das etapas. Veja o resultado da nova formatação, apresentado pela Figura 6.16:

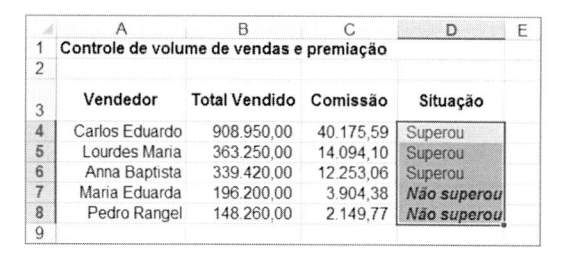

Figura 6.16 - Nova formatação na regra modificada.

9. Salve o arquivo.

6.7.2 Algumas das Diferentes Formatações Condicionais

O Excel 2013 traz uma novidade em termos de condicionamento de cores, baseado em graduação.

Além de oferecer um apoio visual muito interessante e bastante sofisticado, ele ajuda a gerar relatórios e facilitar o entendimento das grandezas com que se trabalha.

Tudo é condicionado de acordo com a escala numérica com que se trabalha, como no caso das colunas **F** e **G**.

6.7.2.1 Escala Baseada em Barras de Dados

Os efeitos visuais são sofisticados, como já comentado anteriormente, e oferecem de forma bastante rápida a possibilidade de tratar os dados com maior profissionalismo.

Procedimento

1. Posicione-se na **guia Listagem** da sua planilha.

2. Selecione a faixa de células **F5:F68**, área essa referente ao campo **Valor Total**. Observe a Figura 6.17 e veja se está semelhante à seleção efetuada, mesmo que não se possa exibir toda a área.

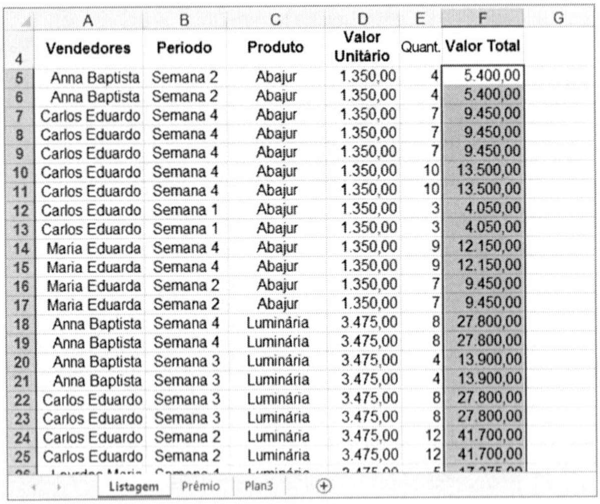

Figura 6.17 - Guia Listagem com células do campo Valor Total selecionadas.

3. Execute o comando de **formatação condicional** e, dentre as opções apresentadas, escolha **Barra de Dados**.

4. Escolha uma das cores apresentadas. Para o exemplo, utilizou-se a **Barra de Dados Laranja**. Veja a Figura 6.18, que apresenta a escala da barra de dados aplicada em parte das células.

	A	B	C	D	E	F
4	Vendedores	Período	Produto	Valor Unitário	Quant.	Valor Total
5	Anna Baptista	Semana 2	Abajur	1.350,00	4	5.400,00
6	Anna Baptista	Semana 2	Abajur	1.350,00	4	5.400,00
7	Carlos Eduardo	Semana 4	Abajur	1.350,00	7	9.450,00
8	Carlos Eduardo	Semana 4	Abajur	1.350,00	7	9.450,00
9	Carlos Eduardo	Semana 4	Abajur	1.350,00	7	9.450,00
10	Carlos Eduardo	Semana 4	Abajur	1.350,00	10	13.500,00
11	Carlos Eduardo	Semana 4	Abajur	1.350,00	10	13.500,00
12	Carlos Eduardo	Semana 1	Abajur	1.350,00	3	4.050,00
13	Carlos Eduardo	Semana 1	Abajur	1.350,00	3	4.050,00
14	Maria Eduarda	Semana 4	Abajur	1.350,00	9	12.150,00
15	Maria Eduarda	Semana 4	Abajur	1.350,00	9	12.150,00
16	Maria Eduarda	Semana 2	Abajur	1.350,00	7	9.450,00
17	Maria Eduarda	Semana 2	Abajur	1.350,00	7	9.450,00
18	Anna Baptista	Semana 4	Luminária	3.475,00	8	27.800,00
19	Anna Baptista	Semana 4	Luminária	3.475,00	8	27.800,00
20	Anna Baptista	Semana 3	Luminária	3.475,00	4	13.900,00
21	Anna Baptista	Semana 3	Luminária	3.475,00	4	13.900,00
22	Carlos Eduardo	Semana 3	Luminária	3.475,00	8	27.800,00
23	Carlos Eduardo	Semana 3	Luminária	3.475,00	8	27.800,00
24	Carlos Eduardo	Semana 2	Luminária	3.475,00	12	41.700,00
25	Carlos Eduardo	Semana 2	Luminária	3.475,00	12	41.700,00

Figura 6.18 - Apresentação da escala de barra de dados aplicada às células.

5. Salve o arquivo.

Planilha de Controle de Comissão

Anotações

Office 7

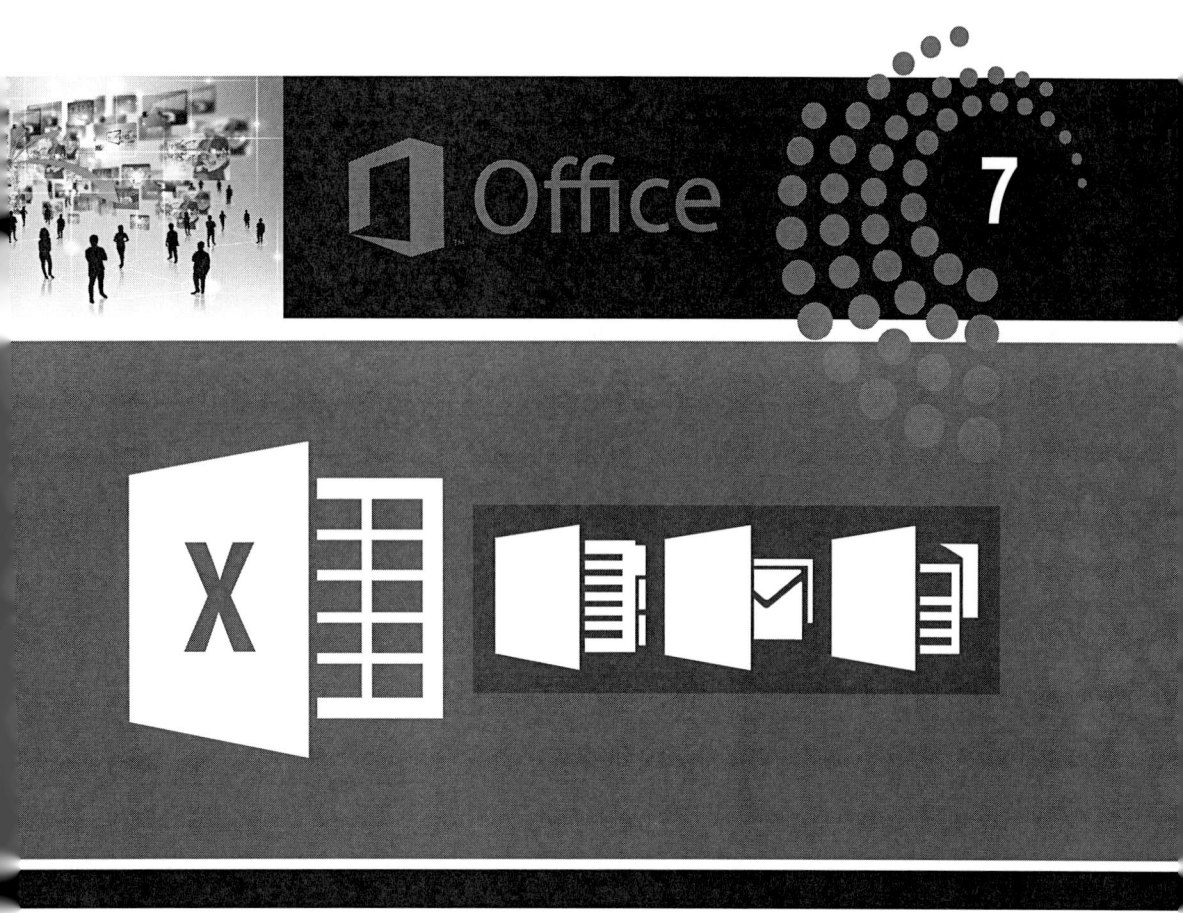

Trabalho com Base de Dados

Objetivos

- Apresentar o conceito de listagens e bases de dados e como trabalhar com eles no Excel 2013;
- Efetuar pesquisas com base em filtragens de campos;
- Incluir e excluir registros;
- Efetuar classificações.

7.1 Conceito de Base de Dados

No Excel 2013, uma base de dados é um conjunto de informações agrupado de forma organizada, sob um critério preestabelecido. Os dados poderão ser classificados, extraídos, alterados ou apagados.

Normalmente, toda planilha criada pode ser usada como base de dados. Bancos ou bases de dados têm de ser definidos no formato de tabela retangular, em que as colunas devem possuir um nome que indique seu conteúdo (Vendedor, Departamento, Dados Venda, Produto e Valor) e as linhas devem indicar os registros. Veja a Figura 7.1 que apresenta um exemplo de disposição de uma base de dados.

	A	B	C	D	E	F
1	Listagem					
2						
3	Vendedor	Depto.	Produto	Quant.	Valor	Total
4	Maria	Exportação	aaa aa	120	12,00	1.440,00
5	Maria	Exportação	bbb bb	60	15,00	900,00
6	Maria	Exportação	fff ff	80	5,00	400,00
7	Ana	Contabilidade	ccc cc	70	13,00	910,00
8	Maria	Exportação	ddd dd	50	10,00	500,00
9	Ana	Contabilidade	fff ff	100	5,00	500,00
10	Ana	Contabilidade	ccc cc	110	13,00	1.430,00
11	Carlos	Marketing	ccc cc	90	13,00	1.170,00
12	Alberto	RH	aaa aa	80	12,00	960,00
13	Carlos	Mkt	fff ff	70	5,00	350,00
14	Alberto	RH	ddd dd	65	10,00	650,00
15	Alberto	RH	bbb bb	50	15,00	750,00

Figura 7.1 - Exemplo de disposição de uma base de dados.

Um exemplo já pronto, que pode ser usado como base de dados, é a folha **Listagem**, da planilha **Controle de Comissão**.

7.2 Classificação de Registros

A classificação de registros é o recurso mais comum para quem precisa localizar rapidamente certas informações dentro de uma base de dados.

7.2.1 Classificação por Campo

É necessário que o cursor esteja "dentro" da base de dados, ou seja, em qualquer célula preenchida.

Procedimento

1. Posicione o cursor sobre qualquer célula preenchida da sua base de dados.
2. Execute o comando:

   Guia: DADOS
   Grupo: Classificar e Filtrar
   Botão: Classificar

3. Exibe-se a Caixa de diálogo **Classificar** e, em segundo plano, nota-se que toda a base foi selecionada "automaticamente", Figura 7.2.

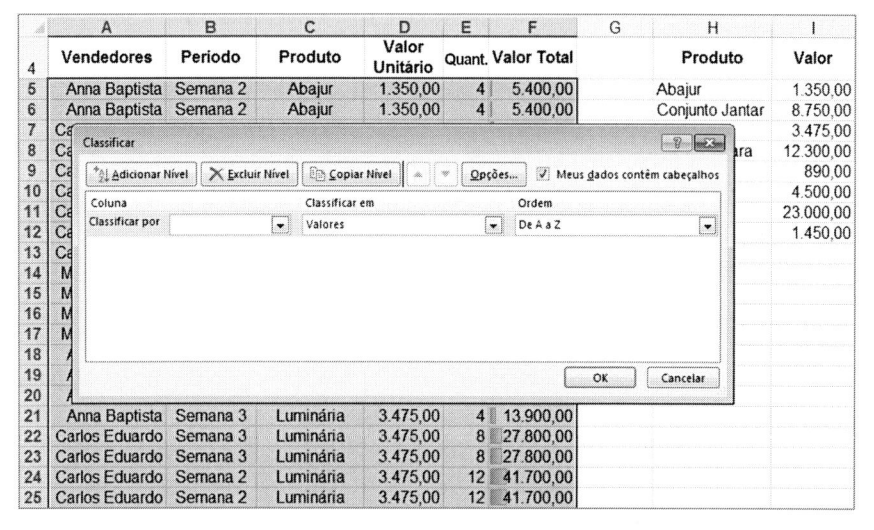

Figura 7.2 - Caixa de diálogo Classificar e, em segundo plano, a base selecionada.

4. No campo **Classificar por**, escolha o campo **Vendedores** e finalize com **OK**.
5. Repita o processo, usando, porém, o campo **Período**.

7.2.2 Classificação por mais de um Campo

A classificação não fica "presa" a apenas um campo. É possível fazer diversas combinações de classificações, como se observa a seguir.

Procedimento

1. Posicione o cursor sobre qualquer célula preenchida da sua base de dados.
2. Execute o comando para habilitar a classificação.
3. Na Caixa de diálogo **Classificar**, defina **Classificar por** como **Produto**.
4. Clique no botão **Adicionar Nível** para que um novo campo seja adicionado à classificação.[6]
5. Escolha o campo **Quant.** em **E depois por**, com a **Ordem** definida **Do Maior para o Menor**, como observado na Figura 7.3.

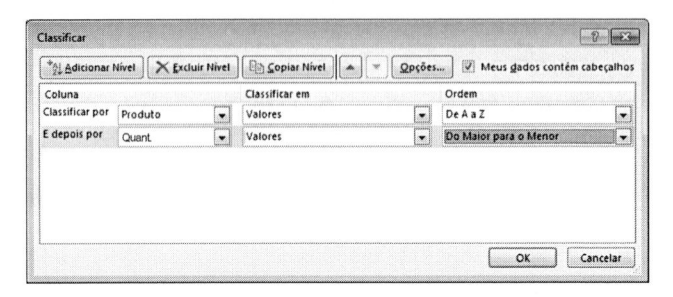

Figura 7.3 - Caixa de diálogo Classificar, com mais de um campo a ser classificado.

6. Finalize com **OK** e veja se o resultado está semelhante ao apresentado pela Figura 7.4.

	A	B	C	D	E	F
4	Vendedores	Período	Produto	Valor Unitário	Quant.	Valor Total
5	Carlos Eduardo	Semana 4	Abajur	1.350,00	10	13.500,00
6	Carlos Eduardo	Semana 4	Abajur	1.350,00	10	13.500,00
7	Maria Eduarda	Semana 4	Abajur	1.350,00	9	12.150,00
8	Maria Eduarda	Semana 4	Abajur	1.350,00	9	12.150,00
9	Maria Eduarda	Semana 2	Abajur	1.350,00	7	9.450,00
10	Maria Eduarda	Semana 2	Abajur	1.350,00	7	9.450,00
11	Carlos Eduardo	Semana 4	Abajur	1.350,00	7	9.450,00
12	Carlos Eduardo	Semana 4	Abajur	1.350,00	7	9.450,00
13	Carlos Eduardo	Semana 4	Abajur	1.350,00	7	9.450,00
14	Anna Baptista	Semana 2	Abajur	1.350,00	4	5.400,00
15	Anna Baptista	Semana 2	Abajur	1.350,00	4	5.400,00
16	Carlos Eduardo	Semana 1	Abajur	1.350,00	3	4.050,00
17	Carlos Eduardo	Semana 1	Abajur	1.350,00	3	4.050,00
18	Carlos Eduardo	Semana 2	Luminária	3.475,00	12	41.700,00
19	Carlos Eduardo	Semana 2	Luminária	3.475,00	12	41.700,00
20	Pedro Rangel	Semana 2	Luminária	3.475,00	8	27.800,00
21	Carlos Eduardo	Semana 3	Luminária	3.475,00	8	27.800,00
22	Carlos Eduardo	Semana 3	Luminária	3.475,00	8	27.800,00
23	Anna Baptista	Semana 4	Luminária	3.475,00	8	27.800,00
24	Anna Baptista	Semana 4	Luminária	3.475,00	8	27.800,00
25	Lourdes Maria	Semana 1	Luminária	3.475,00	5	17.375,00

Figura 7.4 - Resultado da classificação.

7. Salve o arquivo.

---

[6] O Excel aceita até 64 chaves de classificação.

7.2.3 Classificação por Formatação Condicional

Aplicado a essa base, há um gráfico de barra como preenchimento das células, obtido pelo recurso de formatação condicional.

Nada impede que uma mesma faixa de células tenha outras formatações condicionais, mas para que não haja qualquer tipo de embaralhação visual, uma nova formatação condicional será efetuada em outra área.

Procedimento

1. Selecione a faixa **D5:D68**, para que se aplique uma nova formatação condicional.

2. Execute o comando:

   Guia: PÁGINA INICIAL

   Grupo: Estilo

   Botão: Formatação Condicional

3. Escolha a opção **Conjunto de Ícones** e aplique o conjunto **3 Setas (Coloridas)**.

4. Alargue a coluna **D**, permitindo a visualização adequada do indicador posicionado antes do valor. Compare com o que é apresentado pela Figura 7.5.

Figura 7.5 - Coluna D, com indicadores aplicados aos valores.

O Excel 2013 já fez a distribuição das grandezas aos respectivos indicadores, de maneira que 33,3% dos valores mais baixos ficaram com a seta vermelha, 33,3% dos valores médios ficaram com a seta amarela e 33,3% dos valores mais altos ficaram com a seta verde.

Supondo que a classificação desejada utiliza os indicadores a seguir, acompanhe os procedimentos adiante.

→ **1º nível:** setas verdes;

→ **2º nível:** setas vermelhas;

→ **3º nível:** setas amarelas.

Procedimento

1. Sempre posicione o cursor sobre qualquer campo pertencente à base de dados com a qual se deseja trabalhar.

2. Execute o comando de classificação.

3. Na Caixa de diálogo **Classificar**, é possível apagar a solicitação dos campos classificados pelo botão **Excluir Nível**. Exclua os campos **Produto** e **Quant.**.

4. Adicione um novo nível de classificação para o campo **Valor Unitário**.

5. Na lacuna pertencente a **Classificar em**, escolha a opção **Ícone de Célula**.

6. Defina a ordem, conforme apontado anteriormente (primeiro nível, setas verdes; segundo **nível**, setas vermelhas e **terceiro nível**, setas amarelas), sempre usando o botão **Adicionar Nível**. Observe a Figura 7.6, que apresenta a Caixa de diálogo **Classificar** com os indicadores aplicados.

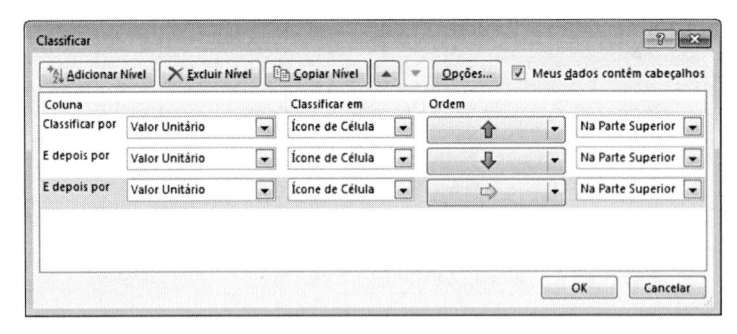

Figura 7.6 - Caixa de diálogo Classificar com todos os níveis de indicadores aplicados.

7. Finalize com **OK**. Veja o resultado parcial apresentado pela Figura 7.7:

	A	B	C	D	E	F
4	Vendedores	Período	Produto	Valor Unitário	Quant.	Valor Total
5	Carlos Eduardo	Semana 4	Tapete Irã ⇧	23.000,00	9	207.000,00
6	Carlos Eduardo	Semana 4	Tapete Irã ⇧	23.000,00	9	207.000,00
7	Carlos Eduardo	Semana 3	Tapete Irã ⇧	23.000,00	3	69.000,00
8	Carlos Eduardo	Semana 3	Tapete Irã ⇧	23.000,00	3	69.000,00
9	Carlos Eduardo	Semana 4	Abajur ⇩	1.350,00	10	13.500,00
10	Carlos Eduardo	Semana 4	Abajur ⇩	1.350,00	10	13.500,00
11	Maria Eduarda	Semana 4	Abajur ⇩	1.350,00	9	12.150,00
12	Maria Eduarda	Semana 4	Abajur ⇩	1.350,00	9	12.150,00
13	Maria Eduarda	Semana 2	Abajur ⇩	1.350,00	7	9.450,00
14	Maria Eduarda	Semana 2	Abajur ⇩	1.350,00	7	9.450,00
15	Carlos Eduardo	Semana 4	Abajur ⇩	1.350,00	7	9.450,00
16	Carlos Eduardo	Semana 4	Abajur ⇩	1.350,00	7	9.450,00
17	Carlos Eduardo	Semana 4	Abajur ⇩	1.350,00	7	9.450,00
18	Anna Baptista	Semana 2	Abajur ⇩	1.350,00	4	5.400,00
19	Anna Baptista	Semana 2	Abajur ⇩	1.350,00	4	5.400,00
20	Carlos Eduardo	Semana 1	Abajur ⇩	1.350,00	3	4.050,00
21	Carlos Eduardo	Semana 1	Abajur ⇩	1.350,00	3	4.050,00
22	Carlos Eduardo	Semana 2	Luminária ⇩	3.475,00	12	41.700,00
23	Carlos Eduardo	Semana 2	Luminária ⇩	3.475,00	12	41.700,00
24	Pedro Rangel	Semana 2	Luminária ⇩	3.475,00	8	27.800,00
25	Carlos Eduardo	Semana 3	Luminária ⇩	3.475,00	8	27.800,00
26	Carlos Eduardo	Semana 3	Luminária ⇩	3.475,00	8	27.800,00
27	Anna Baptista	Semana 4	Luminária ⇩	3.475,00	8	27.800,00
28	Anna Baptista	Semana 4	Luminária ⇩	3.475,00	8	27.800,00
29	Lourdes Maria	Semana 1	Luminária ⇩	3.475,00	5	17.375,00

Figura 7.7 - Planilha com o resultado parcial da classificação dos indicadores.

8. Salve o arquivo.

7.3 Filtragem dos Registros

A filtragem de registros é utilizada quando se deseja obter informações sobre elemento(s) específico(s) de uma base de dados, por exemplo, todos os moradores de Diadema (SP).

A pesquisa (ou filtragem) pode ainda incluir outros filtros, como moradores que sejam do sexo feminino, que tenham mais de 18 anos e nível médio escolar concluído. Quanto mais profunda a filtragem, mais específica e restrita é a gama de informações resultantes.

Procedimento

1. Posicione o cursor sobre qualquer célula preenchida da sua base de dados.
2. Execute o comando:

    Guia: DADOS
    Grupo: Classificar e Filtrar
    Botão: Filtro

3. São apresentados botões em cada **Nome de campo** da base. Repare na Figura 7.8.

	A	B	C	D	E	F
4	Vendedores	Período	Produto	Valor Unitário	Quant.	Valor Total
5	Carlos Eduardo	Semana 4	Tapete Irã ⇧	23.000,00	9	207.000,00
6	Carlos Eduardo	Semana 4	Tapete Irã ⇧	23.000,00	9	207.000,00
7	Carlos Eduardo	Semana 3	Tapete Irã ⇧	23.000,00	3	69.000,00
8	Carlos Eduardo	Semana 3	Tapete Irã ⇧	23.000,00	3	69.000,00
9	Carlos Eduardo	Semana 4	Abajur ⇩	1.350,00	10	13.500,00
10	Carlos Eduardo	Semana 4	Abajur ⇩	1.350,00	10	13.500,00
11	Maria Eduarda	Semana 4	Abajur ⇩	1.350,00	9	12.150,00

Figura 7.8 - Botões de filtragem aplicados aos nomes de campo da base de dados.

4. Clique no botão pertencente ao campo **Vendedores**. Uma listagem com opções é exibida, assim como os dados pertencentes ao campo em questão. Confira com a Figura 7.9.

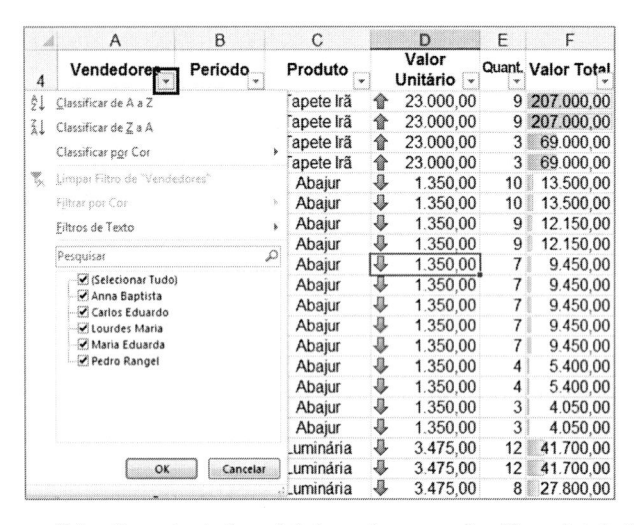

Figura 7.9 - Características básicas de uma planilha eletrônica.

5. Clique em **(Selecionar Tudo)** para que todos os dados sejam desabilitados. Dessa forma, a escolha da informação desejada fica mais fácil.

6. Aplique a seleção apenas para a vendedora **Maria Eduarda**. Note o resultado apresentado na Figura 7.10.

	A	B	C	D	E	F
	Vendedores	Período	Produto	Valor Unitário	Quant.	Valor Total
11	Maria Eduarda	Semana 4	Abajur	1.350,00	9	12.150,00
12	Maria Eduarda	Semana 4	Abajur	1.350,00	9	12.150,00
13	Maria Eduarda	Semana 2	Abajur	1.350,00	7	9.450,00
14	Maria Eduarda	Semana 2	Abajur	1.350,00	7	9.450,00
48	Maria Eduarda	Semana 4	Quadro	4.500,00	6	27.000,00
49	Maria Eduarda	Semana 4	Quadro	4.500,00	6	27.000,00
50	Maria Eduarda	Semana 4	Quadro	4.500,00	6	27.000,00
51	Maria Eduarda	Semana 4	Quadro	4.500,00	6	27.000,00
54	Maria Eduarda	Semana 4	Quadro	4.500,00	5	22.500,00
55	Maria Eduarda	Semana 4	Quadro	4.500,00	5	22.500,00

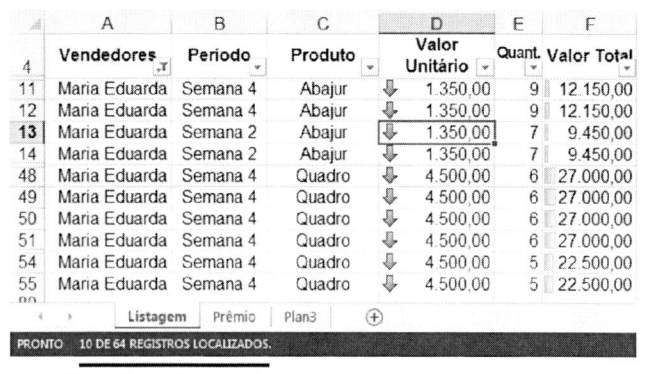

PRONTO 10 DE 64 REGISTROS LOCALIZADOS.

Descrição da pesquisa

Figura 7.10 - Registros pertencentes à Maria Eduarda.

7. Insira também o vendedor **Pedro Rangel na filtragem da pesquisa**.

7.3.1 Filtrar mais de um Campo

É possível efetuar muitas pesquisas nos campos de uma base de dados. Em alguns casos, modelos definidos de acordo com a característica dos campos podem ser usados, nos quais a gama de opções muda se contiverem:

→ texto;

→ número;

→ data.

Há ainda a possibilidade de combinar dois ou mais campos em uma mesma pesquisa. No exemplo anterior, efetuou-se a pesquisa dos resultados de dois vendedores. Supondo que se deseja filtrar o resultado obtido por eles na quarta semana do período, acompanhe os procedimentos a seguir.

Procedimento

1. Usando ainda o resultado da pesquisa anterior, utilize o botão de filtragem do campo **Período** e selecione a opção **Semana 4**. Veja a Figura 7.11.

Perceba que os símbolos de cada botão de filtragem são diferentes nas colunas em que as pesquisas foram efetuadas.

2. Para que todos os registros de uma coluna voltem a ser exibidos, clique nos campos e ative a opção **(Selecionar Tudo)**.

3. Confirme com **OK**.

4. Salve o arquivo.

	A	B	C	D	E	F
1		Audácia & Requinte Imports Ltda.				
2		Listagem de Vendas - Nov/06				
3						
4	Vendedores	Período	Produto	Valor Unitário	Quant.	Valor Total
11	Maria Eduarda	Semana 4	Abajur	1.350,00	9	12.150,00
12	Maria Eduarda	Semana 4	Abajur	1.350,00	9	12.150,00
35	Pedro Rangel	Semana 4	Pedestal	890,00	7	6.230,00
36	Pedro Rangel	Semana 4	Pedestal	890,00	7	6.230,00
48	Maria Eduarda	Semana 4	Quadro	4.500,00	6	27.000,00
49	Maria Eduarda	Semana 4	Quadro	4.500,00	6	27.000,00
50	Maria Eduarda	Semana 4	Quadro	4.500,00	6	27.000,00
51	Maria Eduarda	Semana 4	Quadro	4.500,00	6	27.000,00
54	Maria Eduarda	Semana 4	Quadro	4.500,00	5	22.500,00
55	Maria Eduarda	Semana 4	Quadro	4.500,00	5	22.500,00
69						

Figura 7.11 - Pesquisa efetuada em dois campos.

7.3.2 Filtro Aplicado pela Formatação Condicional

Supondo que se deseja filtrar todos os registros com valores pertencentes ao indicador amarelo, proceda como segue.

Procedimento

1. Clique no botão de filtragem referente ao campo **Valor Unitário**, pois é nele que estão os dados com as setas coloridas.

2. Dentre as opções, escolha a **Filtrar por Cor** e selecione a desejada, no caso, a amarela. Veja o resultado na Figura 7.12.

	A	B	C	D	E	F
1		Audácia & Requinte Imports Ltda.				
2		Listagem de Vendas - Nov/06				
3						
4	Vendedores	Período	Produto	Valor Unitário	Quant.	Valor Total
65	Carlos Eduardo	Semana 3	Mesa Carrara	12.300,00	5	61.500,00
66	Carlos Eduardo	Semana 3	Mesa Carrara	12.300,00	5	61.500,00
67	Anna Baptista	Semana 4	Mesa Carrara	12.300,00	2	24.600,00
68	Anna Baptista	Semana 4	Mesa Carrara	12.300,00	2	24.600,00

Figura 7.12 - Filtragem efetuada pelo indicador amarelo.

3. Após ver o resultado, retorne para a apresentação de todos os registros.

7.4 Recurso Tabela em Base de Dados

A **Tabela** é um importante recurso de auxílio à pesquisa e geração de relatórios simples, podendo estar associada a uma faixa de células, como neste caso, ou ser baseada em uma **Tabela Dinâmica**.

7.4.1 Aplicar Formulário pela Tabela

O uso de formulários baseados no recurso de tabelas permite executar tarefas de cadastramento, edição, remoção e pesquisa de registros em uma base de dados de forma muito rápida e precisa.

Procedimento

1. O cursor deve estar sobre qualquer parte dentro da faixa de células que compõe a base de dados.

2. Execute o comando e note a Figura 7.13, que apresenta a **Caixa de diálogo**

    Criar Tabela
    Guia: INSERIR
    Grupo: Tabelas
    Botão: Tabela

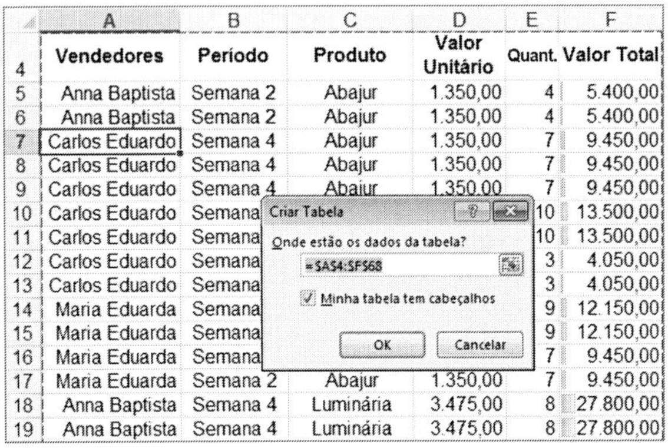

    Figura 7.13 - Caixa de diálogo Criar Tabela e, em segundo plano, uma célula selecionada (A7) e toda a base demarcada por tracejados.

    Observe a apresentação da indicação **=$A$4:$F$68**, que exibe toda a faixa que compõe a tabela.

3. Finalize com **OK**.

Agora é possível criar uma formatação especial para a sua planilha, como indica a Figura 7.14.

	A	B	C	D	E	F
4	Vendedores	Período	Produto	Valor Unitário	Quant.	Valor Total
5	Anna Baptista	Semana 2	Abajur	1.350,00	4	5.400,00
6	Anna Baptista	Semana 2	Abajur	1.350,00	4	5.400,00
7	Carlos Eduardo	Semana 4	Abajur	1.350,00	7	9.450,00
8	Carlos Eduardo	Semana 4	Abajur	1.350,00	7	9.450,00
9	Carlos Eduardo	Semana 4	Abajur	1.350,00	7	9.450,00
10	Carlos Eduardo	Semana 4	Abajur	1.350,00	10	13.500,00
11	Carlos Eduardo	Semana 4	Abajur	1.350,00	10	13.500,00
12	Carlos Eduardo	Semana 1	Abajur	1.350,00	3	4.050,00
13	Carlos Eduardo	Semana 1	Abajur	1.350,00	3	4.050,00
14	Maria Eduarda	Semana 4	Abajur	1.350,00	9	12.150,00
15	Maria Eduarda	Semana 4	Abajur	1.350,00	9	12.150,00
16	Maria Eduarda	Semana 2	Abajur	1.350,00	7	9.450,00
17	Maria Eduarda	Semana 2	Abajur	1.350,00	7	9.450,00
18	Anna Baptista	Semana 4	Luminária	3.475,00	8	27.800,00
19	Anna Baptista	Semana 4	Luminária	3.475,00	8	27.800,00
20	Anna Baptista	Semana 3	Luminária	3.475,00	4	13.900,00
21	Anna Baptista	Semana 3	Luminária	3.475,00	4	13.900,00
22	Carlos Eduardo	Semana 3	Luminária	3.475,00	8	27.800,00
23	Carlos Eduardo	Semana 3	Luminária	3.475,00	8	27.800,00
24	Carlos Eduardo	Semana 2	Luminária	3.475,00	12	41.700,00

Figura 7.14 - Planilha com formatação aplicada após o uso do recurso Tabela.

7.4.2 Congelamento Automático dos Nomes de Campo

É interessante notar que, quando se trabalha com listagens e/ou bases de dados grandes, e é necessário rolar a visão para baixo, "perde-se" o título dos campos de cada coluna, como Vendedores, Período, Produto etc., pois eles vão para cima, além dos limites apresentados.

Todavia, ao trabalhar com o recurso **Tabela**, o congelamento dos painéis é automático e os nomes dos campos assumem o antigo endereçamento das colunas **A**, **B**, **C** etc.

Para conseguir esse efeito, é preciso:

→ estar com o recurso Tabela aplicado;

→ estar com o cursor dentro da tabela;

→ rolar o mouse para uma linha abaixo, que não estava na tela inicial.

Vale a pena testar essa situação, bastando posicionar o cursor sobre uma célula além da visualização padrão. Veja a Figura 7.15, que mostra exatamente essa situação. Note o posicionamento do o cursor e em qual linha ele está.

	Vendedores	Período	Produto	Valor Unitário	Quant.	Valor Total
43	Carlos Eduardo	Semana 3	Quadro	4.500,00	7	31.500,00
44	Lourdes Maria	Semana 4	Quadro	4.500,00	3	13.500,00
45	Lourdes Maria	Semana 4	Quadro	4.500,00	4	18.000,00
46	Lourdes Maria	Semana 4	Quadro	4.500,00	4	18.000,00
47	Lourdes Maria	Semana 4	Quadro	4.500,00	4	18.000,00
48	Lourdes Maria	Semana 4	Quadro	4.500,00	4	18.000,00
49	Lourdes Maria	Semana 3	Quadro	4.500,00	8	36.000,00
50	Lourdes Maria	Semana 3	Quadro	4.500,00	8	36.000,00
51	Lourdes Maria	Semana 2	Quadro	4.500,00	4	18.000,00
52	Lourdes Maria	Semana 2	Quadro	4.500,00	4	18.000,00
53	Lourdes Maria	Semana 2	Quadro	4.500,00	15	67.500,00
54	Lourdes Maria	Semana 2	Quadro	4.500,00	15	67.500,00
55	Maria Eduarda	Semana 4	Quadro	4.500,00	5	22.500,00
56	Maria Eduarda	Semana 4	Quadro	4.500,00	5	22.500,00
57	Maria Eduarda	Semana 4	Quadro	4.500,00	6	27.000,00
58	Maria Eduarda	Semana 4	Quadro	4.500,00	6	27.000,00
59	Maria Eduarda	Semana 4	Quadro	4.500,00	6	27.000,00
60	Maria Eduarda	Semana 4	Quadro	4.500,00	6	27.000,00
61	Pedro Rangel	Semana 3	Quadro	4.500,00	5	22.500,00
62	Pedro Rangel	Semana 3	Quadro	4.500,00	5	22.500,00
63	Pedro Rangel	Semana 3	Quadro	4.500,00	7	31.500,00
64	Pedro Rangel	Semana 3	Quadro	4.500,00	7	31.500,00
65	Carlos Eduardo	Semana 4	Tapete Irã	23.000,00	9	207.000,00

Figura 7.15 - Características básicas de uma planilha eletrônica.

7.4.3 Cadastro de um Novo Registro

A **Tabela** pode ter uma fonte de dados externa e, portanto, pode receber atualizações. Sempre que houver mudança na fonte original, ela pode recebê-las, tanto manualmente como automaticamente, de tempos em tempos.

Visto que a realidade aqui é diferente, é preciso fazer o cadastro de um novo registro na própria tabela. Para isso, proceda da seguinte forma.

Procedimento

1. Posicione o cursor sobre a primeira célula vazia abaixo da **Tabela**.

2. Escreva *Pedro Rangel* e, automaticamente, esse novo registro é associado à **Tabela**.

3. Complete-a com os seguintes dados:
   → Semana 3;
   → Tapete Irã;[7]
   → No campo **Quant.**, insira 3.

4. Salve o arquivo.

---

[7] Já se efetuou o cálculo e se aplicou a formatação condicional, para que o indicador seja exibido.

7.4.4 Adicionar Elementos Informativos à Tabela

Pode-se, ainda, adicionar elementos à **Tabela**, como uma linha de totais e outros campos complementares, para uma análise mais criteriosa.

Procedimento

1. Com o cursor posicionado em qualquer parte da **Tabela**, execute o comando:

   Guia: DESIGN

   Grupo: Opções de Estilo de Tabela

   Botão: Linha de Totais

É apresentado o cálculo da soma da última coluna, como observado na Figura 7.16.

	Vendedores	Período	Produto	Valor Unitário	Quant.	Valor Total
58	Lourdes Maria	Semana 4	Quadro ⇩	4.500,00	4	18.000,00
59	Lourdes Maria	Semana 4	Quadro ⇩	4.500,00	4	18.000,00
60	Lourdes Maria	Semana 4	Quadro ⇩	4.500,00	4	18.000,00
61	Lourdes Maria	Semana 4	Quadro ⇩	4.500,00	4	18.000,00
62	Lourdes Maria	Semana 4	Quadro ⇩	4.500,00	3	13.500,00
63	Anna Baptista	Semana 2	Quadro ⇩	4.500,00	2	9.000,00
64	Anna Baptista	Semana 2	Quadro ⇩	4.500,00	2	9.000,00
65	Carlos Eduardo	Semana 3	Mesa Carrara ⇨	12.300,00	5	61.500,00
66	Carlos Eduardo	Semana 3	Mesa Carrara ⇨	12.300,00	5	61.500,00
67	Anna Baptista	Semana 4	Mesa Carrara ⇨	12.300,00	2	24.600,00
68	Anna Baptista	Semana 4	Mesa Carrara ⇨	12.300,00	2	24.600,00
69	Pedro Rangel	Semana 3	Tapete Irã ⇧	23.000,00	3	69.000,00
70	Total					2.025.080,00

Figura 7.16 - Soma da última coluna.

2. Posicione o cursor sobre a coluna **H** e insira uma nova coluna.

3. Após inseri-la, para que as informações não sejam unidas pelo próximo passo, posicione o cursor sobre a célula **G4**.

4. Escreva o título *Peso em %*, para que um novo campo seja criado. A Figura 7.17 indica que esse novo campo também é associado automaticamente à **Tabela**.

	A	B	C	D	E	F	G
1			Audácia & Requinte Imports Ltda.				
2			Listagem de Vendas - Nov/06				
3							
4	Vendedores	Período	Produto	Valor Unitário	Quant.	Valor Total	Peso em %
5	Carlos Eduardo	Semana 4	Tapete Irã ⇧	23.000,00	9	207.000,00	
6	Carlos Eduardo	Semana 4	Tapete Irã ⇧	23.000,00	9	207.000,00	
7	Carlos Eduardo	Semana 3	Tapete Irã ⇧	23.000,00	3	69.000,00	
8	Carlos Eduardo	Semana 3	Tapete Irã ⇧	23.000,00	3	69.000,00	

Figura 7.17 - Novo campo associado à Tabela.

5. No campo **G5** é possível efetuar uma conta para descobrir o peso percentual de cada **Valor Total** e, então, compará-lo com os demais. Inicie a fórmula com o sinal de igual.

6. Clique na célula **F5** e note que se aponta outra informação na **Barra de fórmulas**. Veja a Figura 7.18.

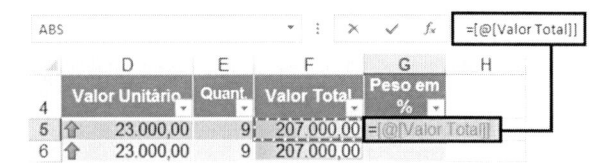

Figura 7.18 - Apontamento de um campo da Tabela em vez do endereço de célula.

7. Uma vez inserido o campo **[@[Valor Total]]**, digite "/" (a barra da divisão).

8. Complete a fórmula, rolando até o último dado existente na linha **70** e clique no cálculo total, que está na célula **F70**, cujo valor é **2.025.080,0**. Veja a Figura 7.19.

Figura 7.19 - Finalização da fórmula, em que os endereços de células são substituídos por informações da Tabela e dos campos.

9. Finalize com **<Enter>**. Veja o resultado na Figura 7.20, na qual os cálculos são efetuados em toda a coluna **Peso em %**.

	A	B	C	D	E	F	G
1	Audácia & Requinte Imports Ltda.						
2	Listagem de Vendas - Nov/06						
3							
4	Vendedores	Período	Produto	Valor Unitário	Quant.	Valor Total	Peso em %
5	Carlos Eduardo	Semana 4	Tapete Irã ⇑	23.000,00	9	207.000,00	0,10222
6	Carlos Eduardo	Semana 4	Tapete Irã ⇑	23.000,00	9	207.000,00	0,10222
7	Carlos Eduardo	Semana 3	Tapete Irã ⇑	23.000,00	3	69.000,00	0,03407
8	Carlos Eduardo	Semana 3	Tapete Irã ⇑	23.000,00	3	69.000,00	0,03407
9	Carlos Eduardo	Semana 4	Abajur ⇓	1.350,00	10	13.500,00	0,00667
10	Carlos Eduardo	Semana 4	Abajur ⇓	1.350,00	10	13.500,00	0,00667
11	Maria Eduarda	Semana 4	Abajur ⇓	1.350,00	9	12.150,00	0,006
12	Maria Eduarda	Semana 4	Abajur ⇓	1.350,00	9	12.150,00	0,006
13	Maria Eduarda	Semana 2	Abajur ⇓	1.350,00	7	9.450,00	0,00467
14	Maria Eduarda	Semana 2	Abajur ⇓	1.350,00	7	9.450,00	0,00467
15	Carlos Eduardo	Semana 4	Abajur ⇓	1.350,00	7	9.450,00	0,00467
16	Carlos Eduardo	Semana 4	Abajur ⇓	1.350,00	7	9.450,00	0,00467

Figura 7.20 - Cálculos efetuados em toda a coluna Peso em %.

10. É necessário formatar os dados da coluna **G**. Selecione todos os dados dessa coluna.

11. Execute o comando:

    Guia: PÁGINA INICIAL

    Grupo: Número

    Botão: Estilo de Porcentagem

12. Amplie as casas decimais com o comando:

    Guia: PÁGINA INICIAL

    Grupo: Número

    Botão: Aumentar Casas Decimais

13. Efetue a seguinte classificação:

    → Vendedor;

    → Período.

14. Salve o arquivo e compare com o resultado exibido pela Figura 7.21.

	A	B	C	D	E	F	G
4	Vendedores	Período	Produto	Valor Unitário	Quant.	Valor Total	Peso em %
5	Anna Baptista	Semana 1	Quadro	4.500,00	12	54.000,00	2,67%
6	Anna Baptista	Semana 1	Quadro	4.500,00	12	54.000,00	2,67%
7	Anna Baptista	Semana 2	Abajur	1.350,00	4	5.400,00	0,27%
8	Anna Baptista	Semana 2	Abajur	1.350,00	4	5.400,00	0,27%
9	Anna Baptista	Semana 2	Quadro	4.500,00	2	9.000,00	0,44%
10	Anna Baptista	Semana 2	Quadro	4.500,00	2	9.000,00	0,44%
11	Anna Baptista	Semana 3	Luminária	3.475,00	4	13.900,00	0,69%
12	Anna Baptista	Semana 3	Luminária	3.475,00	4	13.900,00	0,69%
13	Anna Baptista	Semana 3	Pedestal	890,00	9	8.010,00	0,40%
14	Anna Baptista	Semana 3	Pedestal	890,00	9	8.010,00	0,40%
15	Anna Baptista	Semana 4	Luminária	3.475,00	8	27.800,00	1,37%
16	Anna Baptista	Semana 4	Luminária	3.475,00	8	27.800,00	1,37%
17	Anna Baptista	Semana 4	Quadro	4.500,00	6	27.000,00	1,33%
18	Anna Baptista	Semana 4	Quadro	4.500,00	6	27.000,00	1,33%
19	Anna Baptista	Semana 4	Mesa Carrara	12.300,00	2	24.600,00	1,21%
20	Anna Baptista	Semana 4	Mesa Carrara	12.300,00	2	24.600,00	1,21%
21	Carlos Eduardo	Semana 1	Abajur	1.350,00	3	4.050,00	0,20%
22	Carlos Eduardo	Semana 1	Abajur	1.350,00	3	4.050,00	0,20%
23	Carlos Eduardo	Semana 2	Luminária	3.475,00	12	41.700,00	2,06%
24	Carlos Eduardo	Semana 2	Luminária	3.475,00	12	41.700,00	2,06%
25	Carlos Eduardo	Semana 3	Tapete Irã	23.000,00	3	69.000,00	3,41%

Figura 7.21 - Planilha com a última coluna calculada, formatada e devidamente associada à Tabela.

7.4.5 Filtrar Registros

Como o Excel 2013 insere, automaticamente, os botões de filtragem, cujo principal objetivo é filtrar informações de acordo com a base de dados, o filtro de registros funciona de maneira semelhante à apresentada anteriormente.

7.4.6 Eliminar Registros

A eliminação de registros é útil quando o conjunto de dados não é mais necessário. Para tanto, basta acompanhar as orientações a seguir.

Procedimento

1. A primeira tarefa é localizar o registro a ser excluído e, em seguida, removê-lo.
2. Selecione a faixa de células **A7:F7**.
3. Clique com o botão direito do mouse e, na listagem, selecione **Excluir**.
4. Em seguida, escolha **Linhas da Tabela**. Veja a Figura 7.22.

Figura 7.22 - Processo de exclusão de um registro.

5. Salve o arquivo.

7.5 Alterar o Layout da Tabela

O layout apresentado pela tabela pode ser alterado pela escolha de um novo formato na biblioteca da **guia Design**.

Procedimento

1. Posicione o cursor dentro da tabela, sem necessariamente selecionar nenhuma faixa de células, pois o Excel 2013 considera o grupo de células determinadas como pertencentes ao recurso **Tabela**.

2. Execute o comando:

    Guia: DESIGN

    Grupo: Estilos de Tabela

    Botão: Mais[8]

3. Navegue pelas opções e note que o Excel 2013 aplica o estilo à estrutura da tabela automaticamente. Observe a Figura 7.23, que apresenta a **Tabela** com um novo layout estético.

---

[8] Dos três botões em forma de seta, o botão Mais é o terceiro, com uma seta apontada para baixo.

Figura 7.23 - Novo layout aplicado à planilha.

4. Salve a planilha.

7.5.1 Copiar uma Folha de Cálculo

Antes de se desfazer do recurso **Tabela**, é necessário copiar a folha atual.

Procedimento

1. Clique com o botão direito do mouse no título da alça **Listagem**, como indica a Figura 7.24.

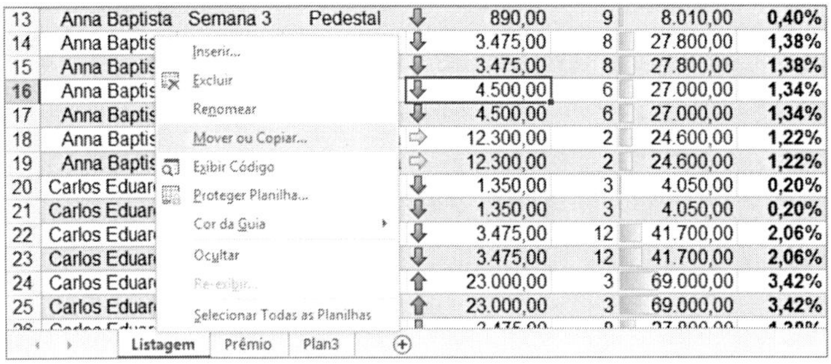

Figura 7.24 - Clique com o botão direito do mouse no título da alça.

Trabalho com Base de Dados

2. Escolha **Mover ou Copiar...** Apresenta-se a Caixa de diálogo **Mover ou copiar**, Figura 7.25.

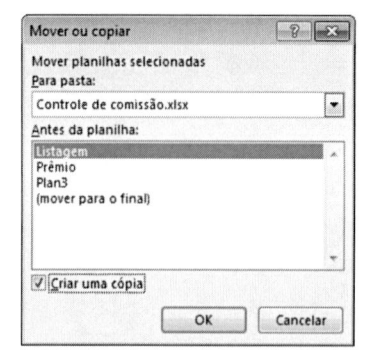

Figura 7.25 - Caixa de diálogo Mover ou copiar.

3. Clique na opção **Criar uma cópia** e finalize com **OK**.

4. Cria-se uma alça com o nome **Listagem (2)**. Renomeie a alça para **Recurso Tabela**.

5. Retorne à alça **Listagem**.

7.6 Desfazer Tabela e Retornar como Intervalo

A **Tabela** é muito importante, pois oferece recursos facilitadores, que estão sempre à mão.

Com a outra alça já copiada, pode-se optar por desfazê-la, tomando os seguintes cuidados:

→ Excluir a coluna **G**, que tem as informações das porcentagens;

→ Excluir a linha de totais;

→ Desfazer a formatação dos estilos da **Tabela**;

→ Converter em intervalos.

Procedimento

1. Clique com o botão direito do mouse no título da coluna **G**, como indica a Figura 7.26.

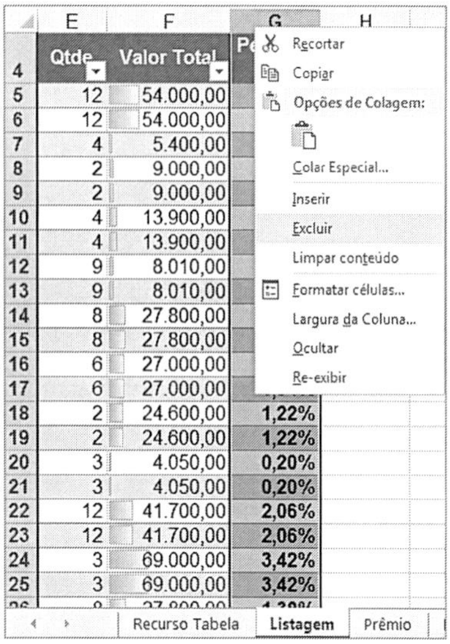

Figura 7.26 - Coluna G selecionada com um clique do botão direito do mouse.

2. Escolha a opção **Excluir**.

3. Execute o comando:

   Guia: DESIGN

   Grupo: Opções de Estilo de Tabela

   Botão: Linha de Totais

4. Para desfazer o estilo de formatação aplicado à **Tabela**, execute o comando:

   Guia: DESIGN

   Grupo: Estilos de Tabela

   Botão: Mais

5. Localize a formatação **Nenhuma**, a primeira a ser exibida na lista de opções, Figura 7.27.

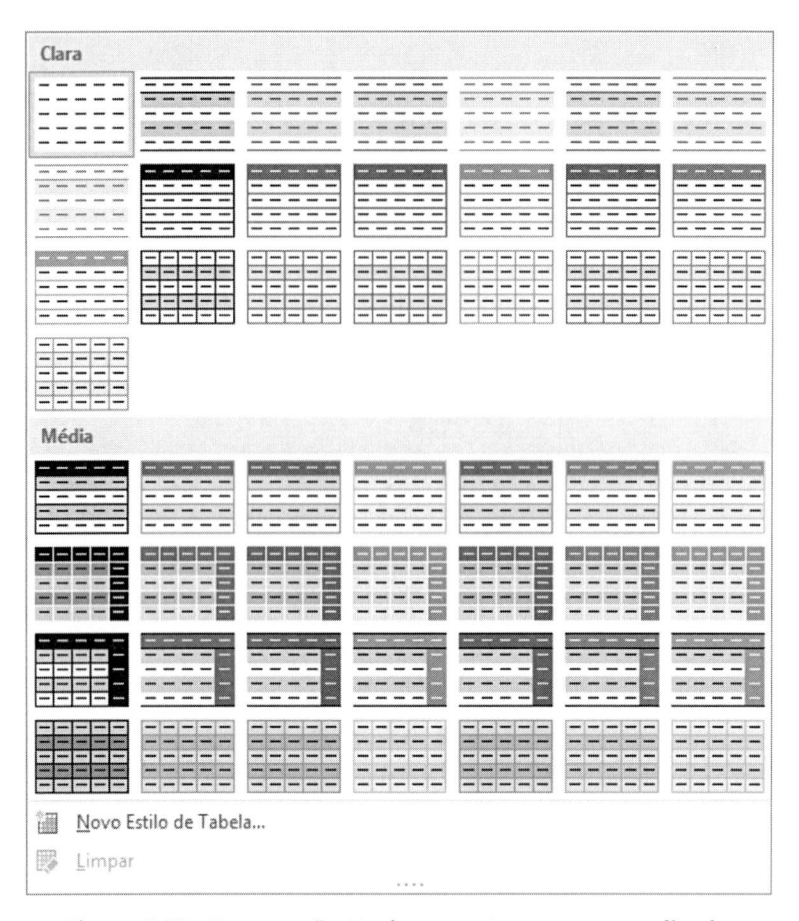

Figura 7.27 - Formatação Nenhuma, pronta para ser aplicada.

6. Agora é necessário converter a **Tabela** em intervalo, portanto, execute o comando:

   Guia: DESIGN

   Grupo: Ferramentas

   Botão: Converter em Intervalo

7. Apresenta-se uma tela de advertência, similar à da Figura 7.28.

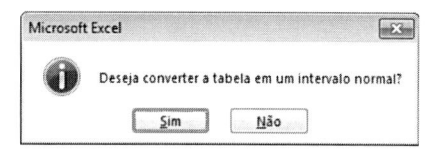

Figura 7.28 - Tela de advertência.

8. Confirme com um clique em **Sim**, para que seja possível usar a planilha na antiga área **Tabela**, da maneira comum.

9. Salve o arquivo.

Exercícios

1. Qual é a formação básica de uma base de dados?
2. Qual o comando responsável por determinar filtros para pesquisas na planilha?
3. Quais os passos para classificar registros em ordem alfabética?
4. Como se aplica o recurso **Tabela**?
5. Como se aplicam filtros a uma **Tabela**?
6. Qual é o comando utilizado para se desfazer uma **Tabela**?
7. De que maneira é possível duplicar uma folha de cálculo?

Anotações

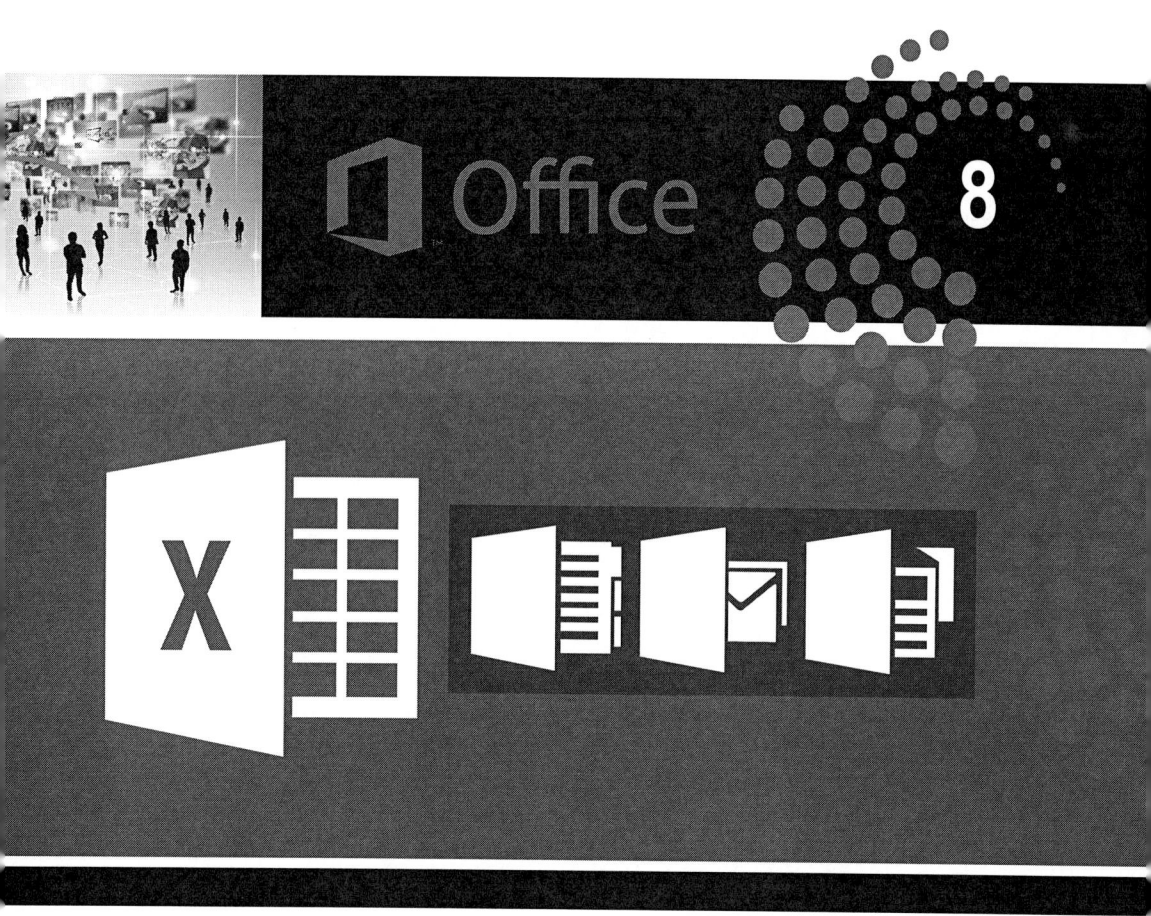

GRÁFICOS

Objetivos

- Criar gráfico com base no conteúdo de células selecionadas;
- Alterar elementos do gráfico, tais como escalas, aparência, tipo etc.;
- Alterar rapidamente o gráfico por meio da Análise Rápida.

8.1 Criar Gráficos na Planilha

Quando se deseja expor gráficos em um relatório ou em uma apresentação, na realidade se deseja indicar os mesmos valores numéricos na tabela, porém de uma maneira que facilite a compreensão, pois com o gráfico é possível exibir grandezas rapidamente.

Procedimento

1. Posicione-se na folha **Prêmio**.
2. Selecione a faixa de dados **A3:B8**, como indica a Figura 8.1.

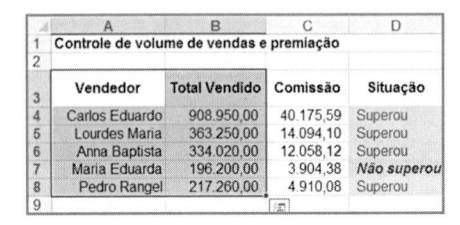

Figura 8.1 - Planilha com a faixa selecionada para a criação do gráfico.

3. Execute o comando:

    Guia: INSERIR

    Grupo: Gráficos

    Botão: Gráficos Recomendados

4. Surge, então, a Caixa de diálogo **Inserir Gráfico**, com a **guia Gráficos Recomendados** em destaque. Repare na Figura 8.2.

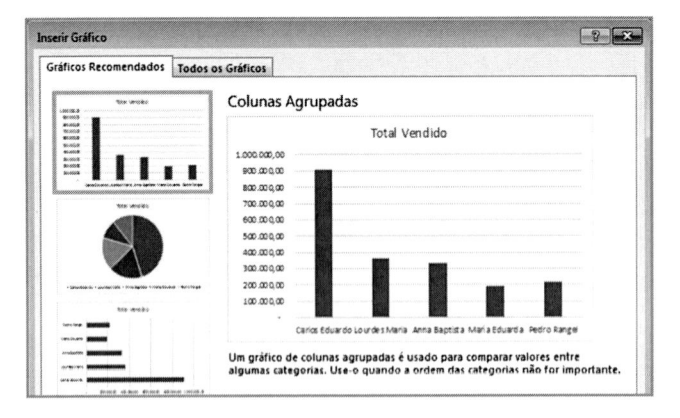

Figura 8.2 - Caixa de diálogo Inserir Gráfico com a guia Gráficos Recomendados em destaque.

5. Mova entre as opções exibidas na sugestão das miniaturas da **Caixa de diálogo**.

6. Defina o primeiro gráfico apresentado como **Colunas Agrupadas** e finalize com **OK**. Veja a Figura 8.3, que indica como fica o gráfico incluído na planilha.

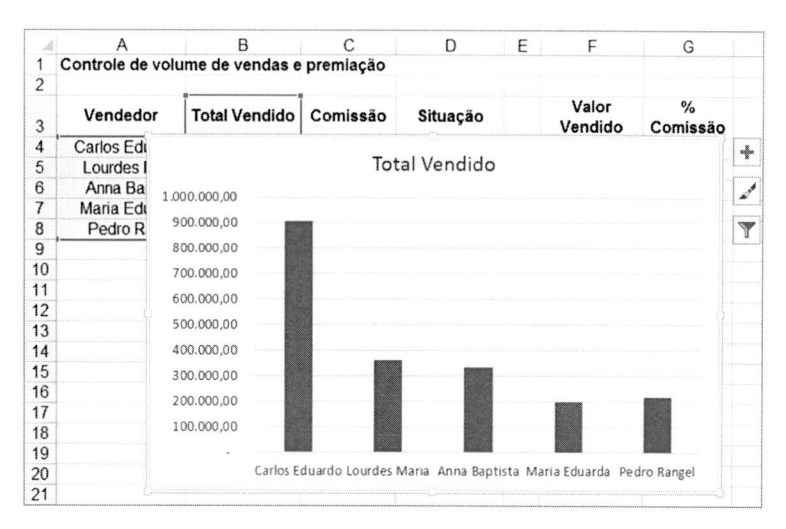

Figura 8.3 - Gráfico Colunas Agrupadas.

7. Use os vértices para auxiliar no redimensionamento e no reposicionamento do gráfico. Deixe-o semelhante ao apresentado pela Figura 8.4.

Figura 8.4 - Gráfico redimensionado e colocado numa área mais propícia à visualização.

8.1.1 Alterar Elementos do Gráfico

Não há uma boa visualização das informações do gráfico, portanto este item serve para auxiliar nas mudanças adequadas.

É interessante notar que, no local em que se posiciona o cursor no gráfico, surge uma legenda indicativa da área em que se está.

8.1.2 Tamanho das Fontes

Como a visualização dos textos do gráfico está prejudicada em virtude do tamanho das fontes, o objetivo principal é clicar nas áreas do gráfico que estão com tamanho inadequado de fonte e fazer os ajustes.

Caso queira desistir de uma área marcada com o ponteiro do mouse, utilize a tecla **<Esc>**.

Procedimento

1. Clique sobre o título do gráfico, no caso, **Total Vendido**.
2. Repare que ele fica selecionado, apresentando uma moldura em volta. Diminua o tamanho da fonte para **12**.
3. Clique em **Eixo Vertical (Valor)**, que são os valores das escalas e altere para o tamanho **8**.
4. Clique em **Eixo Horizontal (Categoria)**, que são os nomes dos vendedores e altere para o tamanho **8**.
5. Salve o arquivo.

8.2 Mover Gráfico para a Folha Gráf1

Os gráficos são criados para serem objetos na planilha em que se trabalha, o que é bastante útil quando se deseja exibir a planilha e o gráfico simultaneamente. Entretanto, é possível permitir que os gráficos fiquem isolados da planilha, mas mantendo o vínculo com os dados que os originaram.

Procedimento

1. Clique no gráfico com o botão direito do mouse. Surge uma **Barra de opções**, dedicada às ações de manutenção do gráfico, Figura 8.5.

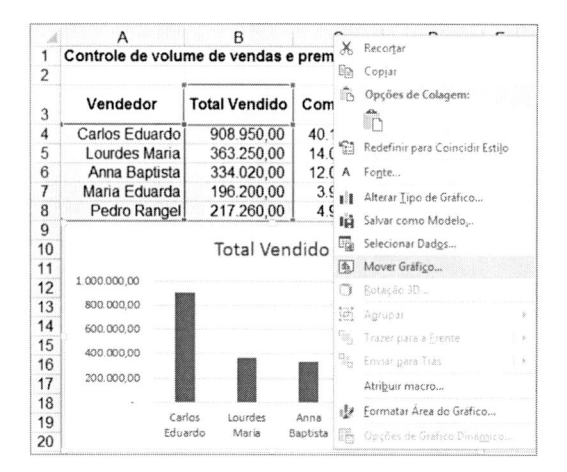

Figura 8.5 - Menu suspenso aberto com um clique do botão direito do mouse no gráfico.

2. Escolha a opção **Mover Gráfico...**.

3. Apresenta-se, então, a Caixa de diálogo **Mover Gráfico**, Figura 8.6.

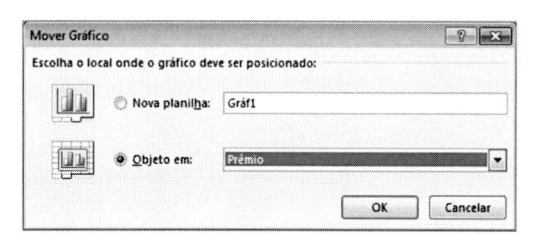

Figura 8.6 - Caixa de diálogo Mover Gráfico.

4. Clique em **Nova planilha**.

5. Finalize com **OK**. Surge, então, uma nova **guia**, denominada **Gráf1**, como indica a Figura 8.7.

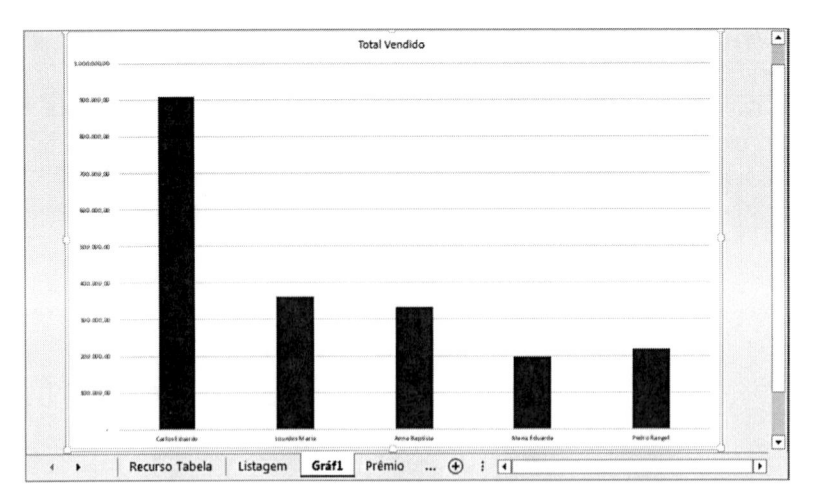

Figura 8.7 - Gráfico aplicado em nova planilha.

6. Para ampliar o tamanho da fonte em que estão os nomes dos vendedores, clique sobre qualquer um deles.

7. Aparece a informação **Eixo Horizontal (Categoria)**, justamente em virtude da seleção. No grupo **Fonte**, existe o botão **Aumentar Tamanho de Fonte**, amplie o tamanho até **14**.

8. Efetue o mesmo aumento do tamanho de fonte usado na escala dos valores à esquerda do gráfico **Eixo Vertical (Valor)**.

9. Clique no texto **Total Vendido** e amplie o tamanho para **20**. Observe se ele fica similar ao apresentado pela Figura 8.8.

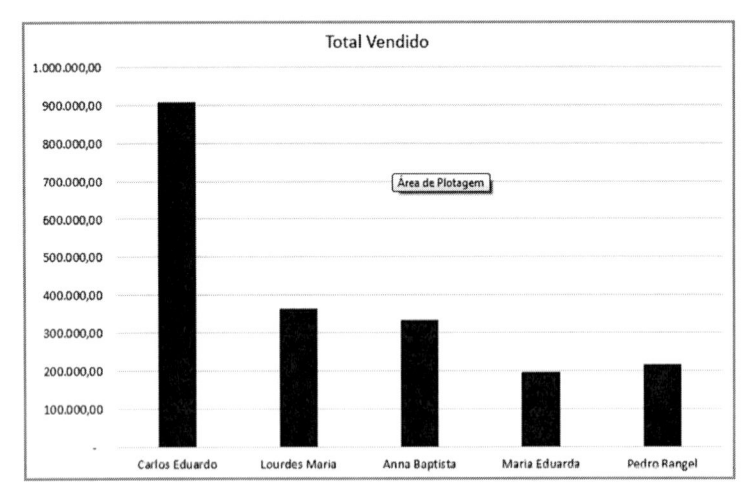

Figura 8.8 - Gráfico com fonte dos elementos aumentada.

8.2.1 Exibir Eixos em Milhares

Nosso exemplo trata de valores muito altos, que podem ser abreviados quando se insere um título na escala. Para tanto, proceda como orientado a seguir.

Procedimento

1. Clique em qualquer valor apresentado na escala de valores **Eixo Vertical (Valor)**.

2. Execute o comando:

    Guia: FORMATAR

    Grupo: Seleção Atual

    Botão: Formatar Seleção

3. Exibe-se, à direita, o **Painel Formatar Eixo**, como indicado pela Figura 8.9.

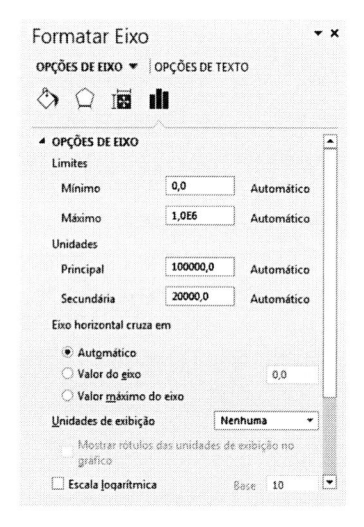

Figura 8.9 - Painel Formatar Eixo.

4. Ative a opção **Unidades de exibição**, alterando de **Nenhuma** para **Milhares**. Automaticamente, o gráfico recebe o comando e exibe a alteração solicitada. Dessa forma, a escala é dividida por 1.000 e exibe-se o título **Milhares**, como indicado na Figura 8.10.

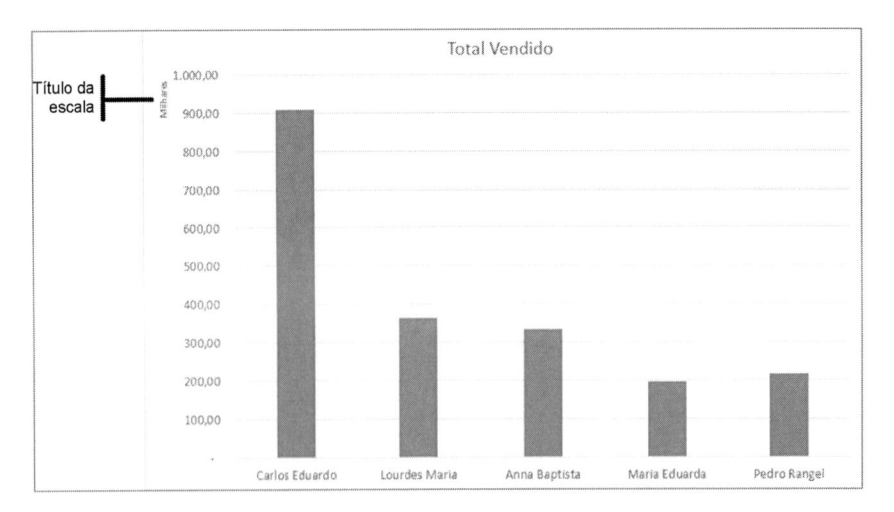

Figura 8.10 - Escala alterada e com título aplicado.

8.3 Alterar Escalas

É possível que seja necessário visualizar o gráfico, mas com outras numerações na escala do **Eixo Y**, que, neste caso, está com a escala fixada de 100 em 100 mil, mesmo exibindo números de 100 em 100.

Procedimento para as Mudanças do Eixo Y:

1. Selecione qualquer um dos valores apresentados em **Eixo Vertical (Valor)**.

2. Altere as opções a seguir e observe, na Figura 8.11, como deve estar o gráfico:

    → **Mínimo:** o valor deve estar fixado em **150.000**;

    → **Máximo:** o valor deve estar fixado em **1.000.000**;

    → **Unidade Principal:** o valor deve estar fixado em **225.000**.

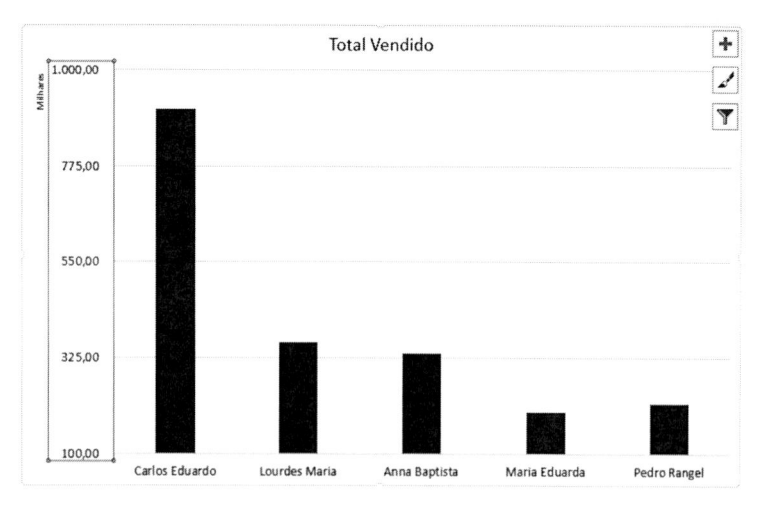

Figura 8.11 - Exemplo final do gráfico.

8.3.1 Alterar a Aparência das Grades

Para alterar as linhas das escalas do gráfico, convém proceder de acordo com as orientações que seguem.

Procedimento

1. Selecione qualquer uma das linhas de grade.

2. O **Painel** ao lado do gráfico se adequa ao elemento selecionado e oferece os comandos destinados à mudança da seleção. Veja a Figura 8.12.

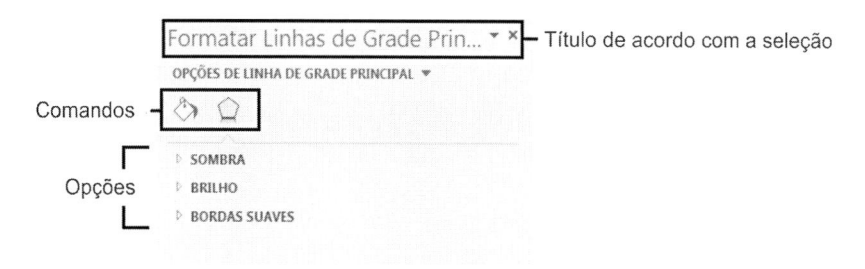

Figura 8.12 - Painel sensível ao contexto da seleção.

3. Clique no comando **Linha de Preenchimento**, que é representado pelo ícone de um balde de tinta. Com isso, apresenta-se um **Painel de opções**, como indica a Figura 8.13.

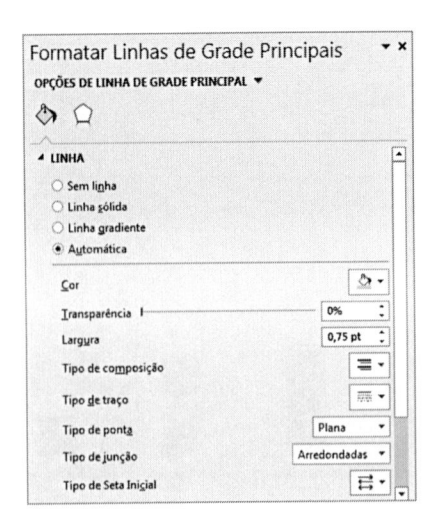

Figura 8.13 - Painel listando as opções destinadas à linha de grade do gráfico.

- → Em **Cor**, escolha a cor de sua preferência.
- → Em **Largura**, aumente para **1 pt**.
- → Em **Tipo de traço**, defina **Tracejado Longo**.

4. Salve o arquivo.

8.4 Criar Gráfico com Áreas Alternadas

É muito importante saber que o Excel permite que sejam criados gráficos de dados não sequenciais. Por exemplo, caso se deseje um gráfico que exiba a comissão dos vendedores, é necessário efetuar a seleção em três movimentos.

- → **1º movimento:** selecionar a primeira área normalmente e soltar o mouse.
- → **2º movimento:** manter pressionada a tecla **<Ctrl>** enquanto se seleciona a segunda área com o mouse.
- → **3º movimento:** soltar o mouse e depois a tecla **<Ctrl>**.

É preciso selecionar os vendedores e as comissões, que, neste caso, estão nos seguintes endereços:

- → **Vendedores: A3:A8**;
- → **Comissão: C3:C8**.

Para esse tipo de seleção, a leitura se dá por **(A3:A8;C3:C8)**, em que os dois pontos significam **até** e o ponto e vírgula significa **e**. Dessa forma, diz-se: "A faixa de células de A3 **até** A8 **e** C3 **até** C8".

Procedimento

1. Sabendo como se trata o endereçamento de células alternadas, é possível selecionar a faixa de células (**A3:A8;C3:C8**). Veja a Figura 8.14.

	A	B	C	D
1	Controle de volume de vendas e premiação			
2				
3	Vendedor	Total Vendido	Comissão	Situação
4	Carlos Eduardo	908.950,00	40.175,59	Superou
5	Lourdes Maria	363.250,00	14.094,10	Superou
6	Anna Baptista	334.020,00	12.058,12	Superou
7	Maria Eduarda	196.200,00	3.904,38	*Não superou*
8	Pedro Rangel	217.260,00	4.910,08	Superou
9				

Figura 8.14 - Seleção de faixa de células alternadas, obtida com o uso da tecla <Ctrl>.

2. Crie o gráfico, conforme a recomendação apresentada pela Figura 8.15:

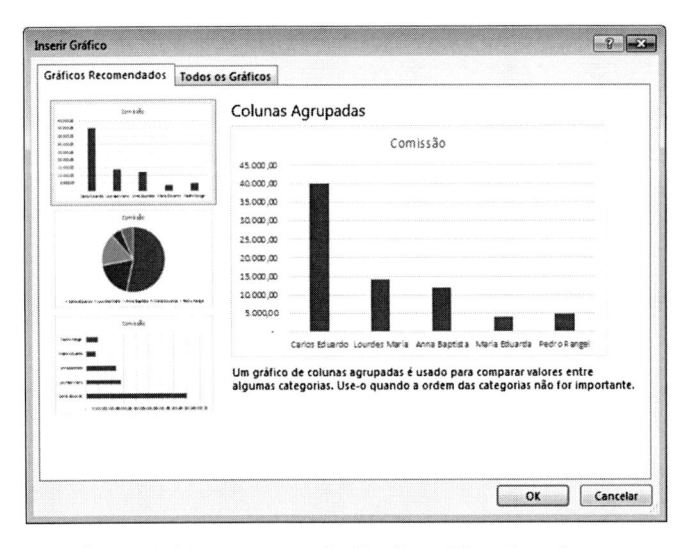

Figura 8.15 - Recomendação de gráfico de colunas.

3. Ao finalizar com **OK**, ajuste o gráfico na planilha.
4. Salve o arquivo.

8.4.1 Alterar o Tipo de Gráfico

O Excel 2013 oferece muitos tipos de gráficos, que podem ser escolhidos na Caixa de diálogo **Tipo de gráfico**. Porém, é importante saber que existem basicamente três tipos de gráficos, sendo os demais apenas variações.

→ **Coluna:** permite a comparação entre os elementos (barras);

→ **Linha:** permite exibir a evolução ou o comportamento dos pontos (medidas ou valores);

→ **Setorial (Pizza):** permite efetuar a comparação percentual entre os elementos (fatias).

8.5 Gráfico Tipo Setorial (Pizza)

Esse tipo de gráfico trabalha com as porcentagens dos volumes e de suas proporções baseadas em 100%.

A alteração do tipo de gráfico para o tipo setorial se dá como segue.

Procedimento

1. Com o gráfico selecionado, execute o comando:

    Guia: DESIGN

    Grupo: Tipo

    Botão: Alterar Tipo de Gráfico

    Surge a Caixa de diálogo **Alterar Tipo de Gráfico**, Figura 8.16.

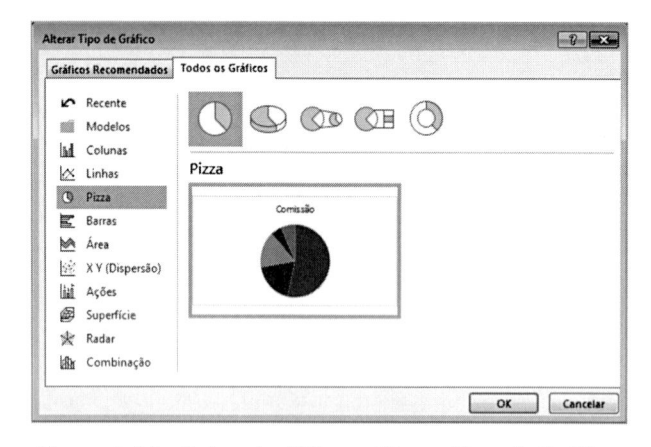

Figura 8.16 - Caixa de diálogo Alterar Tipo de Gráfico.

2. Altere para os modelos apresentados em **Pizza**.

3. Escolha o segundo modelo, definido como **Pizza 3D**.

4. Finalize com **OK**. Deve, então, ser apresentado o gráfico na planilha, como indicado pela Figura 8.17.

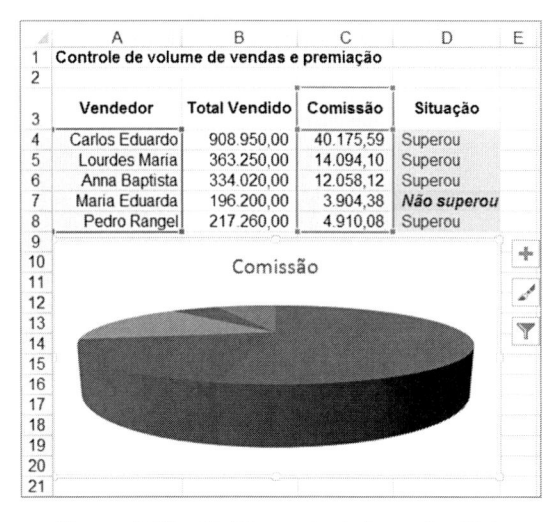

Figura 8.17 - Gráfico setorial na planilha.

8.5.1 Aplicação de Elementos Informativos no Gráfico

Todo gráfico tem por obrigação oferecer o maior número de informações possíveis, de forma clara e direta.

O gráfico do tipo pizza só exibe fatias, o que na realidade é muito pouco, pois não se indica com exatidão a representação de cada uma das partes diante do todo.

Procedimento

1. Selecione o gráfico.

2. Execute o comando:

    Guia: DESIGN

    Grupo: Layout de Gráfico

    Botão: Layout Rápido

3. Defina como a opção **Layout 6**.

4. Deixe o título do gráfico em **Negrito**.

5. Repare se o resultado está similar ao apresentado na Figura 8.18.

Figura 8.18 - Gráfico setorial com todos os elementos informativos apresentados.

6. Salve a planilha.

8.5.2 Explodir Fatias do Gráfico do Tipo Pizza

Existem duas ações de seleção em gráficos do tipo pizza:

→ **1ª ação:** seleção do gráfico inteiro, que se dá com um clique em qualquer parte do gráfico;

→ **2ª ação:** seleção da fatia do gráfico, que se dá com um clique para a seleção do gráfico e outro para a seleção da fatia. Há um intervalo maior entre o primeiro e o segundo clique.

Após construir o gráfico, proceda como segue a fim de explodir a maior fatia.

Procedimento

1. Selecione a maior fatia do gráfico, clicando a fim de selecionar a pizza e dando um segundo clique (mais espaçado) para a seleção da referida fatia.

2. Arraste a fatia selecionada no sentido contrário ao centro do gráfico, distanciando-a. Veja o resultado na Figura 8.19.

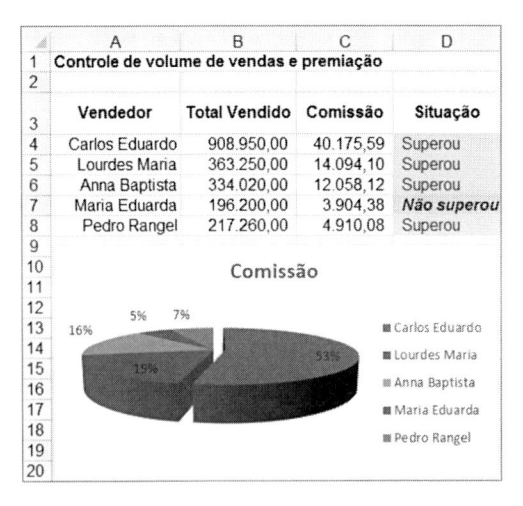

Figura 8.19 - Gráfico de pizza, com fatia explodida.

3. Salve o arquivo.

8.5.3 Como Unir Fatias Explodidas

Basta agir com três movimentos bem definidos:

→ **1º movimento:** clique fora das fatias do gráfico para que as seleções existentes no gráfico deixem de valer;

→ **2º movimento:** clique uma única vez no gráfico, de forma que todas as fatias estejam selecionadas;

→ **3º movimento:** arraste qualquer fatia para o centro do gráfico, de forma que todas as fatias fiquem unidas no ponto central.

8.6 Criar um Gráfico de Linhas

Para exercitar o que foi abordado e aumentar seu conhecimento sobre o uso de gráficos, proceda como segue.

Procedimento

1. Feche o arquivo atual.
2. Abra o arquivo **Orçamento Doméstico**.
3. Selecione a faixa: **A8:G20**.

4. Aperte a **tecla de função <F11>** para gerar o gráfico numa folha à parte, como indicado pela Figura 8.20.

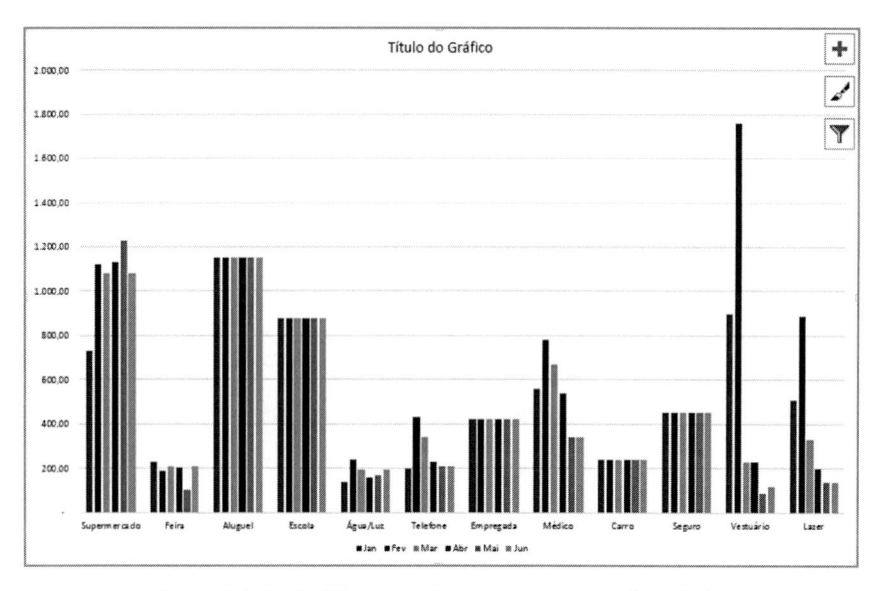

Figura 8.20 - Gráfico padrão gerado pela tecla <F11>.

5. Altere para o gráfico de **Linhas**, como indicado na Figura 8.21.

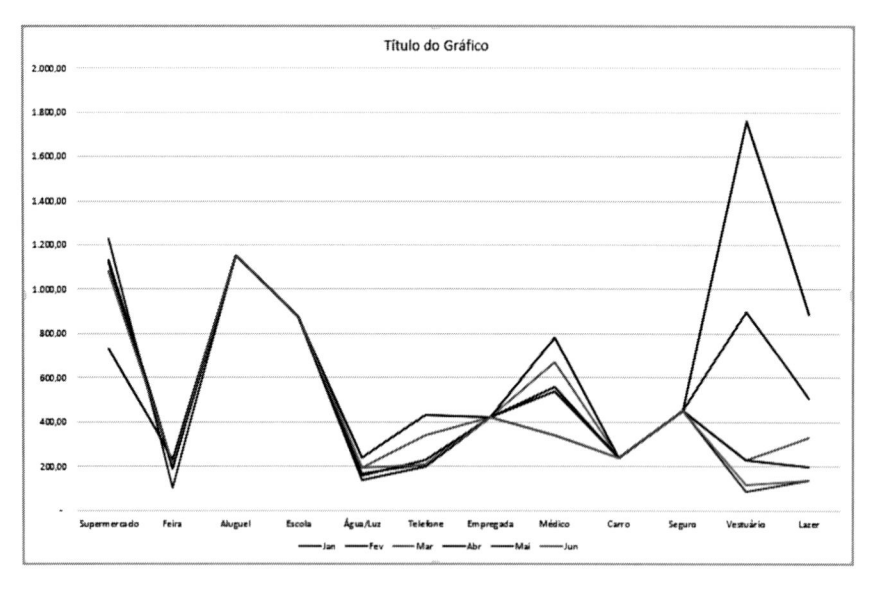

Figura 8.21 - Gráfico alterado para Linhas.

8.7 Gráfico de Colunas Empilhadas

O gráfico totalizador, que dá noção do total acumulado de um determinado item ou período, é o gráfico de **Colunas Empilhadas**.

1. Altere para o tipo de gráfico **Colunas Empilhadas**. Veja a Figura 8.22, que apresenta somente o novo gráfico.

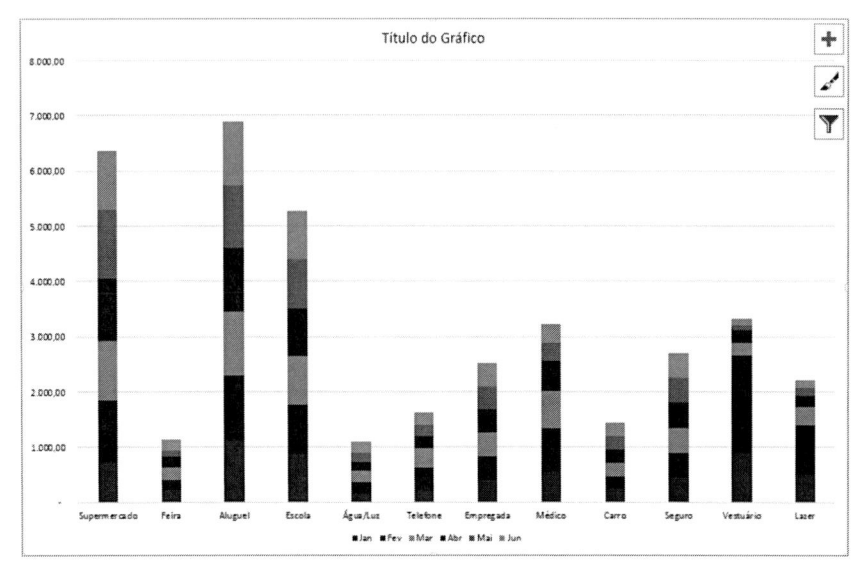

Figura 8.22 - Gráfico de Colunas Empilhadas.

8.7.1 Ordem dos Dados no Gráfico

Os totais podem ser apresentados basicamente de duas maneiras, sempre trocando os dados que estão no **Eixo Horizontal** pelas informações apresentadas na legenda. A esse recurso se dá o nome de **Alternar Linha/Coluna**, que nada tem a ver com a mudança de um gráfico de **Linhas** por outro de **Coluna**.

1. Pode-se ainda fazer alterações para que cada coluna represente um mês. Para tanto, execute o seguinte comando:

    Guia: DESIGN

    Grupo: Dados

    Botão: Alternar Linha/Coluna

2. Aumente as fontes dos eixos e da legenda.

3. Mude o título do gráfico para *Totais de Gastos Mensais*, clicando na **Barra de fórmulas** e efetuando a digitação.

Alterar os dados de origem permite que se veja o volume de dinheiro gasto em cada período. Veja a Figura 8.23.

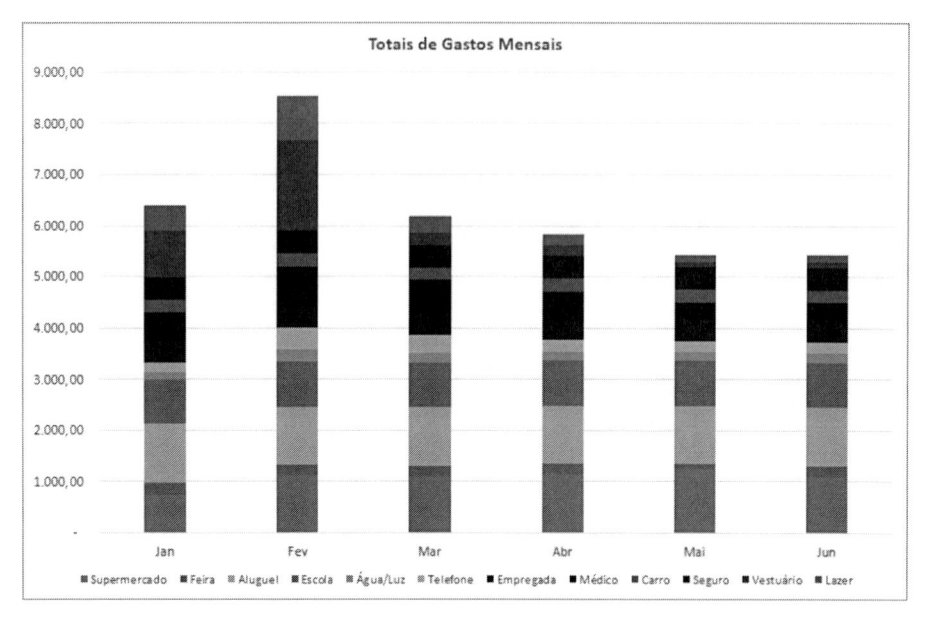

Figura 8.23 - Gráfico com dados de origem alterados.

8.7.2 Mudar a Posição da Legenda no Gráfico

O efeito visual fica bastante interessante, mas é ainda melhor quando não há tantas informações a serem apresentadas, pois a legenda não fica tão grande.

Procedimento

1. Posicione-se na folha em que está o gráfico.
2. Execute o comando:

    Guia: DESIGN

    Grupo: Layout de Gráfico

    Botão: Adicionar Elemento Gráfico

3. Oferece-se uma listagem com os elementos complementares que podem ser adicionados. Escolha a opção **Legenda**. O gráfico deve estar similar ao indicado pela Figura 8.24.

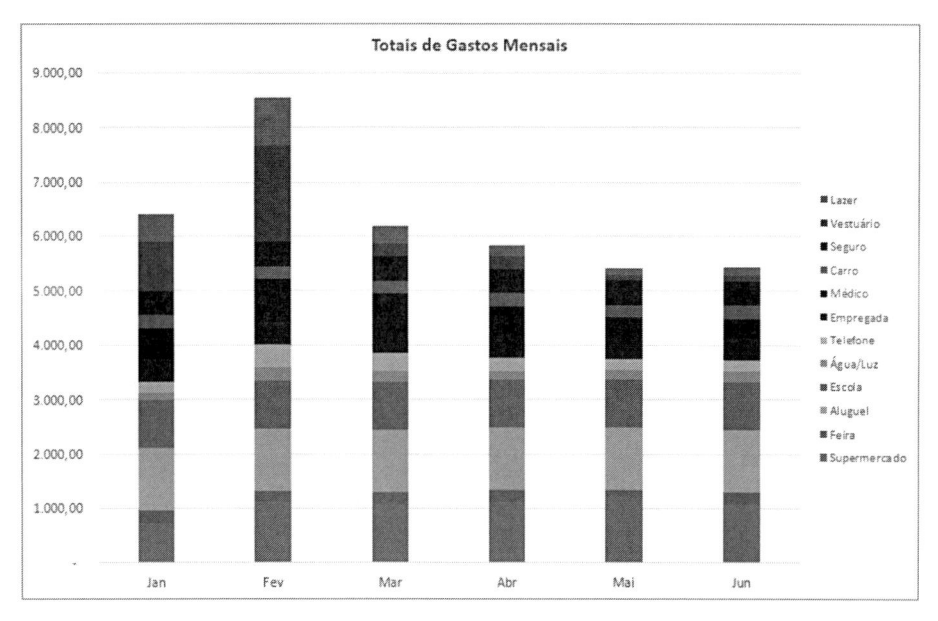

Figura 8.24 - Gráfico com legenda colocada em outro local.

8.7.3 Mudar Cores do Gráfico

O desenho do gráfico pode ficar mais agradável se as cores forem alteradas. Podem ser alteradas as cores de todos os elementos que compõem o gráfico.

Procedimento

1. Clique na primeira camada que compõe o gráfico de **Colunas Empilhadas**, referente ao item **Lazer**.

2. Execute o comando:

   Guia: DESIGN

   Grupo: Estilos de Gráfico

   Botão: [qualquer uma das opções]

3. Apresenta-se uma grande gama de cores, bastando somente clicar na combinação desejada. No exemplo do livro, utilizou-se o **Estilo 11**.

4. Altere o posicionamento da legenda, novamente à direita, pois com o estilo utilizado ele foi reposicionado para abaixo do gráfico. Veja o resultado na Figura 8.25.

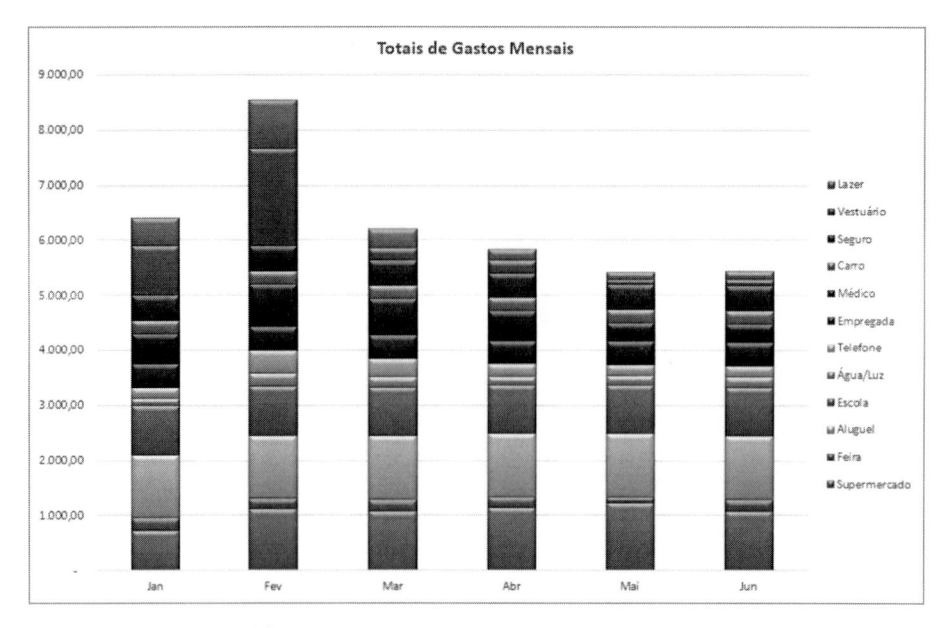

Figura 8.25 - Gráfico com as opções de cores alteradas em um novo estilo.

8.7.4 Apresentar Dois Gráficos Diferentes no Mesmo Gráfico

Não são raras as vezes em que é preciso combinar um gráfico de **Colunas** com um gráfico de **Linhas**, cada qual apontando coisas distintas, mas sobre o mesmo assunto.

Procedimento

1. Com o gráfico selecionado, execute o comando:

   Guia: DESIGN

   Grupo: Tipo

   Botão: Alterar Tipo de Gráfico

2. Na listagem apresentada pela Caixa de diálogo **Alterar Tipo de Gráfico**, selecione a opção **Combinação**, como apresentado na Figura 8.26.

3. Dos exemplos apresentados, posicione-se sobre o primeiro, pois é ele o responsável em definir qual elemento terá o gráfico combinado.

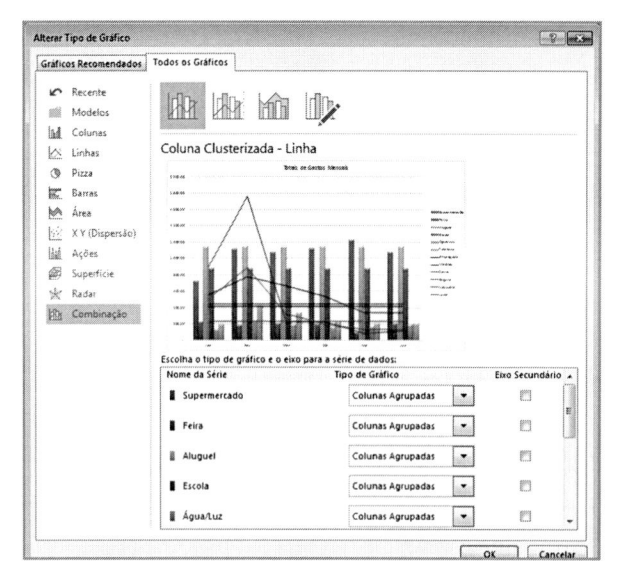

*Figura 8.26 - Caixa de diálogo Alterar Tipo de Gráfico
com a opção Combinação selecionada.*

4. Abaixo do exemplo do gráfico apresentado nessa **Caixa de diálogo**, encontra-se uma área denominada **Escolha o tipo de gráfico e o eixo para a série de dados**, em que deve se localizar o item **Vestuário** e, em **Tipo de Gráfico**, definir **Linhas**. Certifique-se de que todos os demais estão definidos como **Colunas Agrupadas**, conforme a Figura 8.27.

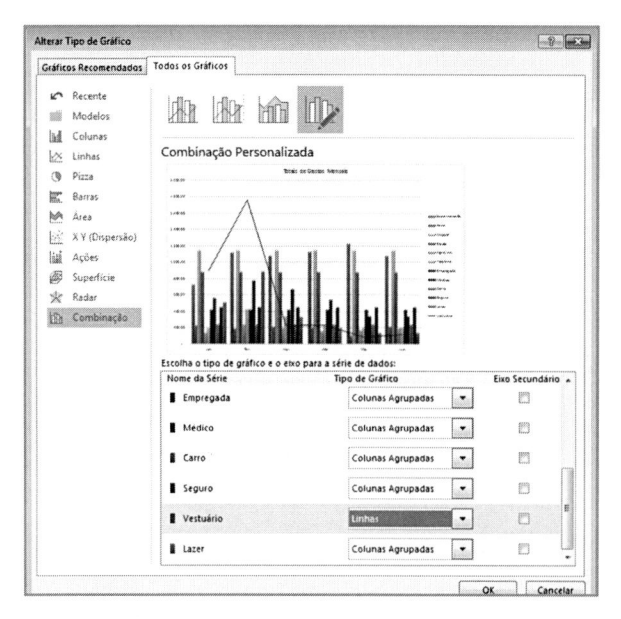

Figura 8.27 - Definição do elemento e do tipo de gráfico que farão a combinação.

Gráficos

5. Finalize com **OK**.
6. Salve e compare com a Figura 8.28.

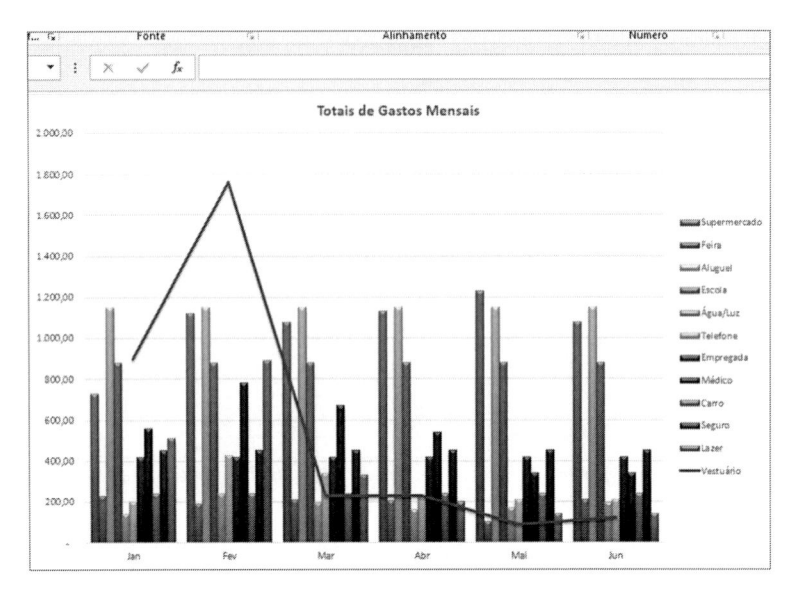

Figura 8.28 - Gráfico de Colunas com Linhas com Marcadores aplicados somente em Vestuário.

Exercícios

1. Quais os procedimentos para a criação der um gráfico?
2. Uma vez criado, como mudar o tipo de gráfico?
3. De que forma é possível estourar um gráfico de pizza, destacando apenas uma fatia?
4. Como unir fatias do gráfico de tipo pizza?
5. Qual comando permite alterar as cores do gráfico?
6. Quantos tipos de gráficos existem?

Impressão de Relatórios e Gráficos

Objetivo

- Apresentar os modos de impressão do Excel 2013.

9.1 Imprimir a Planilha Inteira

Quando se desejar imprimir a planilha inteira, com todos os elementos existentes, sem se preocupar com a direção da impressão, quais elementos farão parte dela etc., ou seja, simplesmente mandar imprimir, o comando a ser dado é único: o de impressão.

O comando de impressão já efetua o disparo das páginas da planilha para a impressora. Uma forma de economizar é verificar previamente o que será impresso. Portanto, o comando a seguir permite configurar tudo antes de dar a ordem.

9.1.1 Economia de Papel: Impressão no Vídeo

Se tiver optado pelo comando apresentado anteriormente, duas páginas são impressas. Entretanto, é possível economizar muitas páginas caso se imprima o trabalho no vídeo, o que dá totais condições de analisar os locais das quebras e o que realmente se deseja imprimir.

O modo de imprimir o trabalho no vídeo é muito similar ao apresentado anteriormente.

Procedimento

1. Com a planilha **Controle de Comissão** em uso, posicione-se na folha da **guia Listagem**.

2. Para imprimir no vídeo, execute o seguinte comando:
   Guia: ARQUIVO
   Imprimir
   Note que a impressão da página é exibida no vídeo, como indica a Figura 9.1.

3. Abaixo da prévia, vê-se o botão **Próxima Página**, indicado por uma seta que aponta para a direita, ao lado do número **2**. Clique nele para que o Excel 2013 exiba a prévia de impressão da outra página na tela. Veja a Figura 9.2.

4. Para sair da visualização de impressão, basta teclar **<Esc>** ou clicar no botão **Fechar Visualização de Impressão**.

> **Observação**
> O recurso de formatação de tabela foi aplicado anteriormente. Esse recurso permite, além de definir um formato sofisticado, repetir os títulos de tabela impressos em cada nova página.

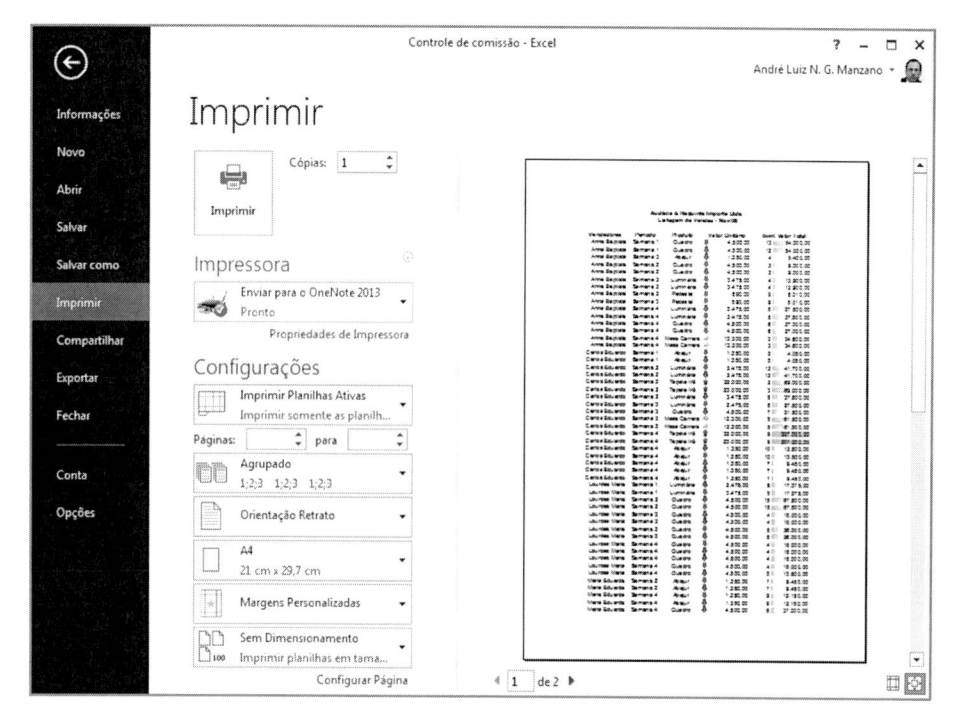

Figura 9.1 - *Impressão no vídeo.*

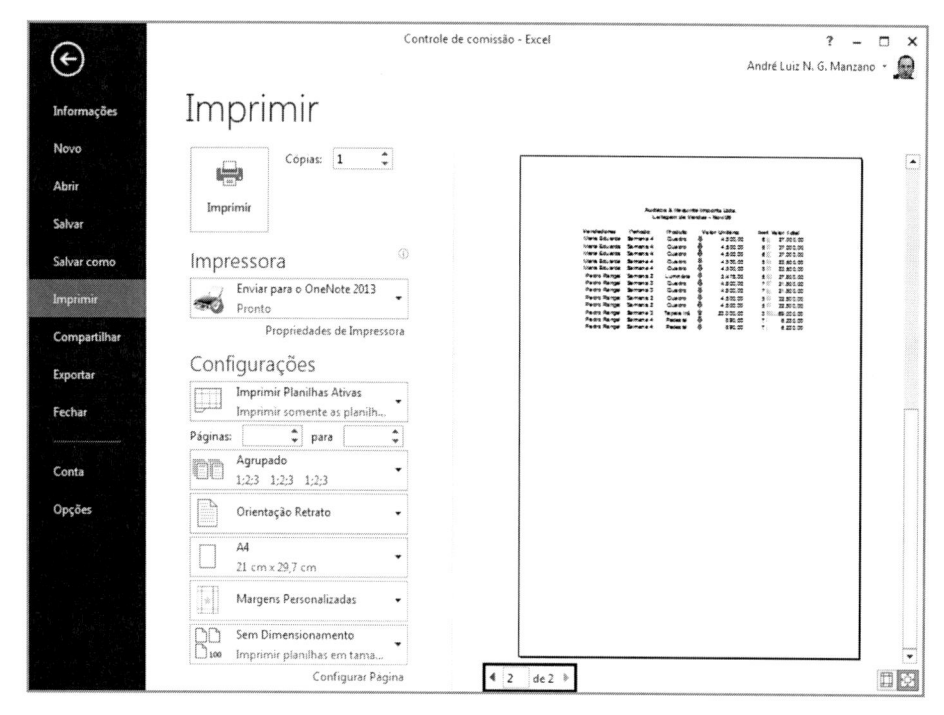

Figura 9.2 - *Prévia de impressão da segunda página no vídeo.*

9.2 Selecionar Corretamente a Faixa de Impressão

Como observado anteriormente, não é tão produtivo nem econômico simplesmente mandar imprimir, pois tudo o que está na planilha será impresso.

Uma forma de corrigir esse problema é determinar a faixa a ser impressa. Acompanhe os procedimentos.

Procedimento

1. Selecione a faixa que deseja imprimir, no caso **A4:F21**. Veja a Figura 9.3.

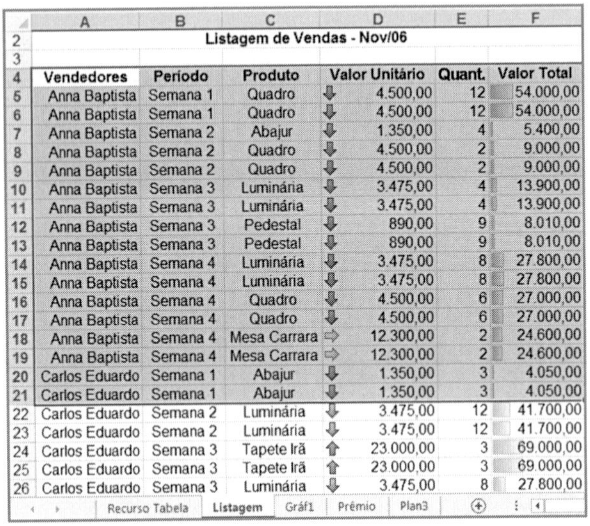

	A	B	C	D	E	F
2	Listagem de Vendas - Nov/06					
3						
4	Vendedores	Período	Produto	Valor Unitário	Quant.	Valor Total
5	Anna Baptista	Semana 1	Quadro	4.500,00	12	54.000,00
6	Anna Baptista	Semana 1	Quadro	4.500,00	12	54.000,00
7	Anna Baptista	Semana 2	Abajur	1.350,00	4	5.400,00
8	Anna Baptista	Semana 2	Quadro	4.500,00	2	9.000,00
9	Anna Baptista	Semana 2	Quadro	4.500,00	2	9.000,00
10	Anna Baptista	Semana 3	Luminária	3.475,00	4	13.900,00
11	Anna Baptista	Semana 3	Luminária	3.475,00	4	13.900,00
12	Anna Baptista	Semana 3	Pedestal	890,00	9	8.010,00
13	Anna Baptista	Semana 3	Pedestal	890,00	9	8.010,00
14	Anna Baptista	Semana 4	Luminária	3.475,00	8	27.800,00
15	Anna Baptista	Semana 4	Luminária	3.475,00	8	27.800,00
16	Anna Baptista	Semana 4	Quadro	4.500,00	6	27.000,00
17	Anna Baptista	Semana 4	Quadro	4.500,00	6	27.000,00
18	Anna Baptista	Semana 4	Mesa Carrara	12.300,00	2	24.600,00
19	Anna Baptista	Semana 4	Mesa Carrara	12.300,00	2	24.600,00
20	Carlos Eduardo	Semana 1	Abajur	1.350,00	3	4.050,00
21	Carlos Eduardo	Semana 1	Abajur	1.350,00	3	4.050,00
22	Carlos Eduardo	Semana 2	Luminária	3.475,00	12	41.700,00
23	Carlos Eduardo	Semana 2	Luminária	3.475,00	12	41.700,00
24	Carlos Eduardo	Semana 3	Tapete Irã	23.000,00	3	69.000,00
25	Carlos Eduardo	Semana 3	Tapete Irã	23.000,00	3	69.000,00
26	Carlos Eduardo	Semana 3	Luminária	3.475,00	8	27.800,00

Figura 9.3 - Área selecionada para impressão.

2. Execute o comando:

   Guia: LAYOUT DA PÁGINA

   Grupo: Configurar Página

   Botão: Área de Impressão

3. É possível determinar qual a área a ser impressa ou retirar a seleção de uma área. Neste caso, escolha **Definir área de impressão**.

4. Visualize a impressão. Compare o resultado com a Figura 9.4.

5. Saia do modo de visualização de impressão.

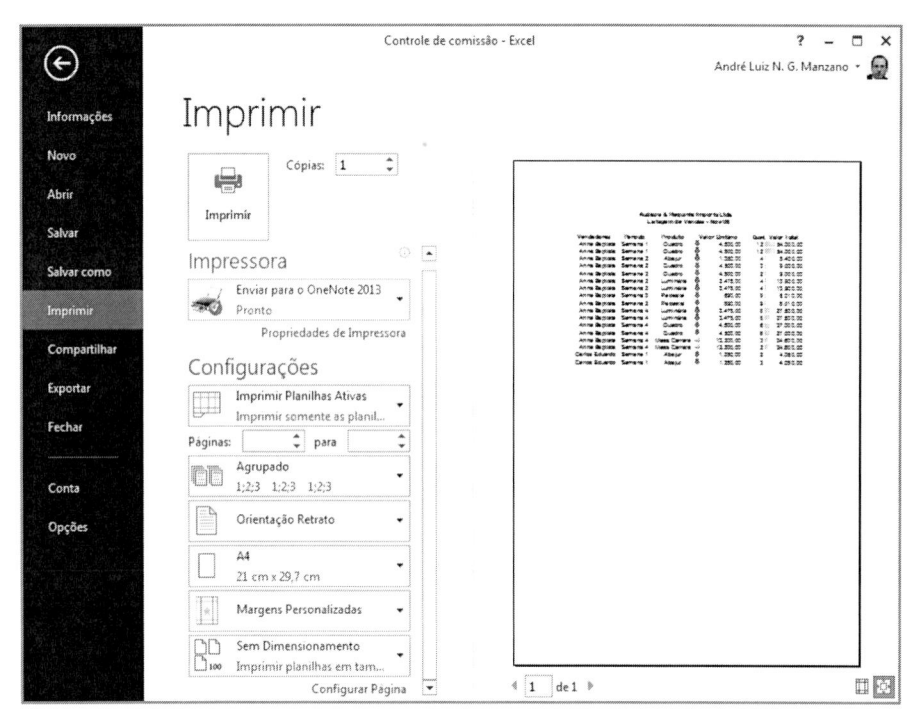

Figura 9.4 - Prévia de impressão da área definida.

9.3 Desfazer a Área de Impressão

Caso pretenda imprimir a planilha por completo ou outra área dela, é preciso limpar a área de impressão. Para tanto, basta executar o comando:

Guia: LAYOUT DA PÁGINA

Grupo: Configurar Página

Botão: Área de Impressão

Por fim, escolha a opção **Limpar área de impressão**.

9.4 Alterar o Parâmetro de Impressão

Os parâmetros de impressão podem ser alterados sempre que necessário, bastando executar o comando:

Guia: LAYOUT DA PÁGINA

Grupo: Configurar Página

Botão: [escolha dentre os diversos botões]

- **Margens:** permite adequar as dimensões das margens, além de centralizar a área de impressão no papel;

- **Orientação:** permite alternar entre Retrato e Paisagem;

- **Tamanho:** permite alterar o tamanho do papel;

- **Área de Impressão:** permite definir quais células serão impressas;

- **Quebras:** permite estabelecer a quebra de página em determinados pontos da planilha, a serem escolhidos pelo usuário;

- **Plano de Fundo:** permite inserir uma imagem de fundo na planilha;

- **Imprimir Títulos:** permite definir quais linhas ou colunas da planilha serão impressas como títulos, indicando que serão repetidas a cada folha impressa.

9.5 Imprimir a Planilha e o Gráfico

É comum precisar de impressões que contenham, na mesma área impressa, tanto a planilha como os gráficos.

Procedimento

1. Com a planilha **Controle de Comissão** em uso, posicione-se na folha da **guia Prêmio**.

2. Execute o comando para demarcar a área de impressão e inclua também o gráfico. Neste caso, a área a ser selecionada é **A1:D20**. Compare com a Figura 9.5.

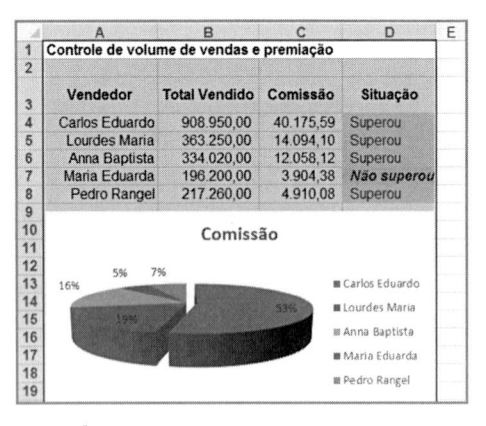

Figura 9.5 - Área a ser impressa, com planilha e gráfico.

3. Visualize a impressão.
4. Saia do modo de visualização de impressão.

9.6 Imprimir Gráfico

Para imprimir um gráfico, ele deve estar selecionado. Se o gráfico estiver na mesma planilha, basta selecioná-lo com um clique; caso esteja em uma folha de gráfico, a folha é que deve ser selecionada. Siga as instruções.

Procedimento

1. Clique no gráfico.
2. Visualize a impressão. Veja a Figura 9.6.
3. Saia do modo de visualização de impressão.
4. Salve o arquivo.

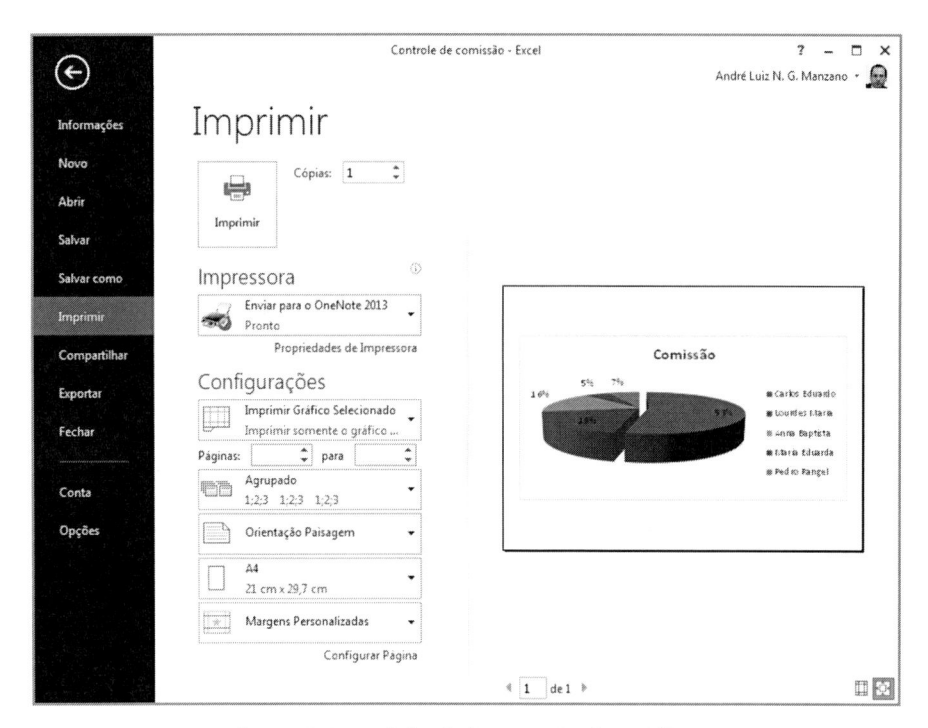

Figura 9.6 - Prévia de impressão do gráfico.

9.7 Comando de Impressão e sua Configuração

No momento da ordem de impressão, ainda é possível definir algumas configurações, apresentadas pelas opções na tela do comando.

→ **Imprimir:** executa a impressão configurada;

→ **Cópias:** permite definir a quantidade de cópias da área de impressão selecionada;

→ **Impressora:** permite mudar a impressora;

→ **Configurações:** adequa algumas definições de acordo com o que será impresso (gráficos, regiões etc.);

→ **Agrupado/Desagrupado:** permite imprimir em cadernos com numerações **1, 2, 3; 1, 2, 3** para agrupamentos e **1, 1, 1; 2, 2, 2** para blocos desagrupados;

→ **Orientação:** define se o papel terá impressão em Retrato (em pé) ou em Paisagem (deitado). A escolha correta dessa configuração pode economizar papel;

→ **A4:** define o tipo do formulário (papel) a ser impresso. Ao clicar nesse botão, surgem outras opções de papel;

→ **Margens Personalizadas:** permite definir as margens no formulário.

Exercícios

1. Como imprimir apenas os gráficos de uma planilha com dados e gráficos?
2. Como determinar uma região como a área de impressão?
3. Qual comando permite visualizar a impressão?
4. Como é possível mudar a orientação do papel?
5. Qual comando permite definir o número de cópias?

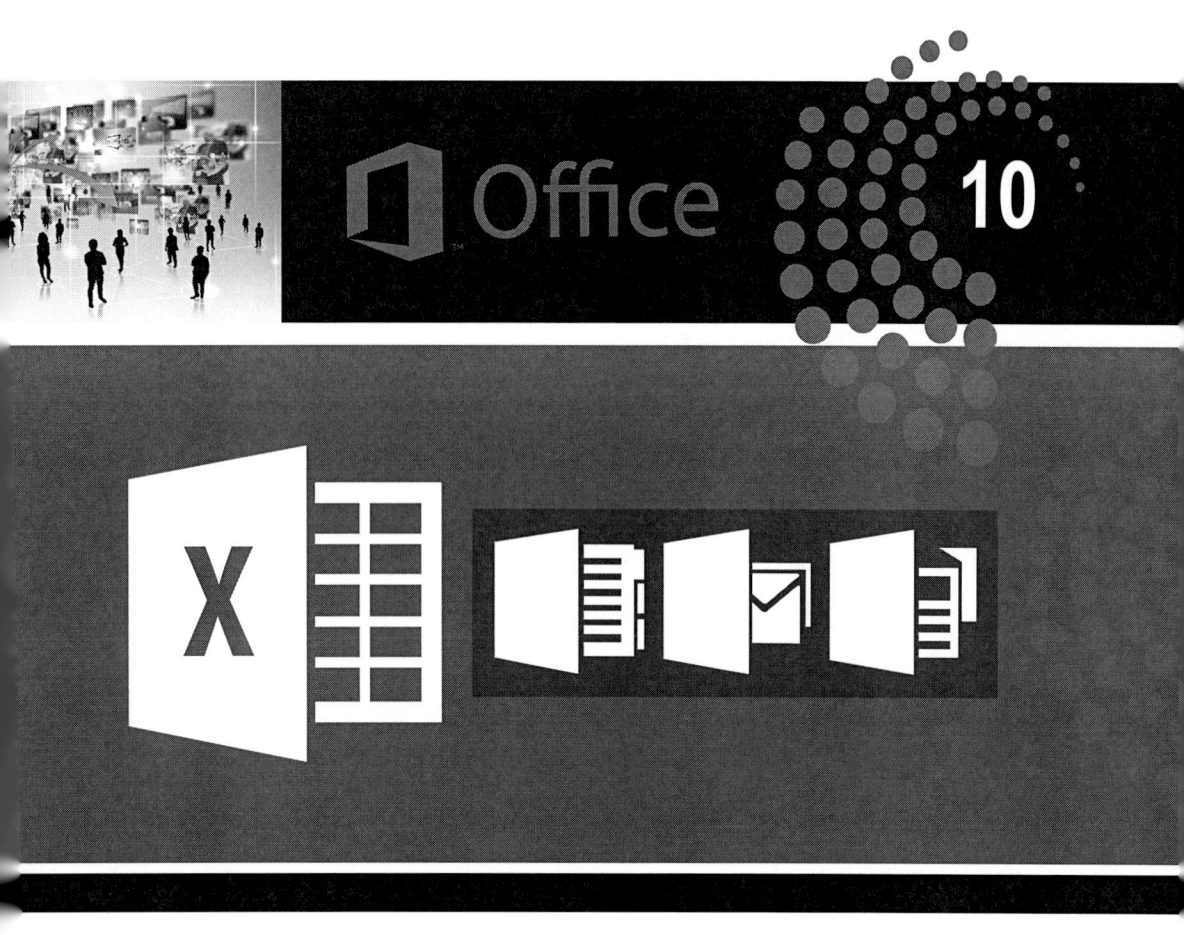

Uso Útil de Comandos Especiais

Objetivo

- Exibir atalhos e comandos especiais para trabalhar melhor com o Excel 2013.

10.1 Congelar Painéis

Muitas vezes é necessário trabalhar com planilhas extensas, o que não permite visualizar toda a planilha em uma única tela. Para trabalhar de forma mais correta, é possível dividir a tela em áreas denominadas painéis. Faça uso desse recurso seguindo os próximos passos:

Procedimento

1. Com o arquivo **Controle de Comissão** aberto, posicione-se na **guia Listagem**.
2. Posicione o cursor sobre a célula **A4**.
3. Pressione as teclas **<Ctrl>** + **<↓>**.
4. O cursor se posicionou na última linha preenchida de sua tabela, no caso, a linha **68**, o que faz com que você perca contato com os títulos das colunas.

Para que as informações fiquem "congeladas", uma série de passos deve ser acompanhada, como segue.

Procedimento

1. Posicione o cursor no início de sua tela, usando a combinação **<Ctrl>** + **<Home>**.
2. Nesse momento, deve-se perceber se os títulos das linhas **1** e **2** serão de ajuda ou se tomarão uma área importante e útil de informações. Convém movimentar o cursor de maneira que a tela exiba o conteúdo da linha **4** em diante, como indica a Figura 10.1.

	A	B	C	D	E	F
4	Vendedores	Período	Produto	Valor Unitário	Quant.	Valor Total
5	Anna Baptista	Semana 1	Quadro	4.500,00	12	54.000,00
6	Anna Baptista	Semana 1	Quadro	4.500,00	12	54.000,00
7	Anna Baptista	Semana 2	Abajur	1.350,00	4	5.400,00
8	Anna Baptista	Semana 2	Quadro	4.500,00	2	9.000,00
9	Anna Baptista	Semana 2	Quadro	4.500,00	2	9.000,00
10	Anna Baptista	Semana 3	Luminária	3.475,00	4	13.900,00
11	Anna Baptista	Semana 3	Luminária	3.475,00	4	13.900,00
12	Anna Baptista	Semana 3	Pedestal	890,00	9	8.010,00
13	Anna Baptista	Semana 3	Pedestal	890,00	9	8.010,00
14	Anna Baptista	Semana 4	Luminária	3.475,00	8	27.800,00
15	Anna Baptista	Semana 4	Luminária	3.475,00	8	27.800,00
16	Anna Baptista	Semana 4	Quadro	4.500,00	6	27.000,00
17	Anna Baptista	Semana 4	Quadro	4.500,00	6	27.000,00
18	Anna Baptista	Semana 4	Mesa Carrara	12.300,00	2	24.600,00
19	Anna Baptista	Semana 4	Mesa Carrara	12.300,00	2	24.600,00
20	Carlos Eduardo	Semana 1	Abajur	1.350,00	3	4.050,00
21	Carlos Eduardo	Semana 1	Abajur	1.350,00	3	4.050,00
22	Carlos Eduardo	Semana 2	Luminária	3.475,00	12	41.700,00

Figura 10.1 - Área de visualização para o correto congelamento de painel.

3. Posicione o cursor abaixo da linha que deseja congelar. Neste caso, é a célula **A5**.
4. Execute o comando:

   Guia: EXIBIÇÃO

   Grupo: Janela

   Botão: Congelar Painéis
5. Selecione a opção **Congelar Painéis**, pois ela depende do correto posicionamento do cursor na célula.[9]
6. Role o cursor para baixo, além da linha **40**, por exemplo, e veja o resultado apresentado pela Figura 10.2

	A	B	C	D	E	F
4	Vendedores	Período	Produto	Valor Unitário	Quant.	Valor Total
50	Lourdes Maria	Semana 4	Quadro	4.500,00	3	13.500,00
51	Maria Eduarda	Semana 2	Abajur	1.350,00	7	9.450,00
52	Maria Eduarda	Semana 2	Abajur	1.350,00	7	9.450,00
53	Maria Eduarda	Semana 4	Abajur	1.350,00	9	12.150,00
54	Maria Eduarda	Semana 4	Abajur	1.350,00	9	12.150,00
55	Maria Eduarda	Semana 4	Quadro	4.500,00	6	27.000,00
56	Maria Eduarda	Semana 4	Quadro	4.500,00	6	27.000,00
57	Maria Eduarda	Semana 4	Quadro	4.500,00	6	27.000,00
58	Maria Eduarda	Semana 4	Quadro	4.500,00	6	27.000,00
59	Maria Eduarda	Semana 4	Quadro	4.500,00	5	22.500,00
60	Maria Eduarda	Semana 4	Quadro	4.500,00	5	22.500,00
61	Pedro Rangel	Semana 2	Luminária	3.475,00	8	27.800,00
62	Pedro Rangel	Semana 3	Quadro	4.500,00	7	31.500,00
63	Pedro Rangel	Semana 3	Quadro	4.500,00	7	31.500,00
64	Pedro Rangel	Semana 3	Quadro	4.500,00	5	22.500,00
65	Pedro Rangel	Semana 3	Quadro	4.500,00	5	22.500,00
66	Pedro Rangel	Semana 3	Tapete Irã	23.000,00	3	69.000,00
67	Pedro Rangel	Semana 4	Pedestal	890,00	7	6.230,00
68	Pedro Rangel	Semana 4	Pedestal	890,00	7	6.230,00

Figura 10.2 - Resultado do congelamento da linha 4.

7. Salve o arquivo.

10.2 Descongelar as Janelas

Se não desejar mais esse tipo de visualização, é possível desfazer o comando da seguinte maneira:

Guia: EXIBIÇÃO

Grupo: Janela

Botão: Congelar Painéis

Opção: Descongelar Painéis

---

[9] Caso o cursor estivesse em **B5**, o Excel congelaria também a coluna **A**, além da linha 4, ou seja, deve-se estar abaixo e à direita do que se deseja congelar.

10.3 Esconder Dados na Planilha

Quando não se deseja exibir alguma informações para outras pessoas, por serem confidenciais, é possível ocultá-las, sem que as fórmulas sejam comprometidas, mesmo que estejam ligadas às células que serão escondidas.

10.4 Ocultar Células

Existem duas formas de ocultar no Excel 2013, uma delas escondendo apenas uma faixa aleatória de células e outra permitindo que se oculte uma coluna ou planilha inteira.

Procedimento

1. Selecione as células que contêm as informações da comissão (**H4:I12**).

2. Execute o comando:

   Guia: PÁGINA INICIAL

   Grupo: Células

   Botão: Formatar

3. Escolha a opção **Formatar Células**, que exibe a Caixa de diálogo **Formatar Células**.

4. Selecione, em **Categoria**, **Personalizado**, como indica a Figura 10.3.

Figura 10.3 - Caixa de diálogo Formatar Células, com a Categoria Personalizado selecionada.

5. Em **Tipo**, apague o código aplicado, que, neste caso, está como **Geral** e escreva na lacuna o novo código, ;;;.

6. Finalize com **OK** e compare com a Figura 10.4.

Figura 10.4 - Planilha com células ocultas.

10.5 Exibir as Células

Para desfazer esse comando é necessário acompanhar os passos a seguir.

Procedimento

1. Repita o comando de formatação de células. Veja a Figura 10.5.

Figura 10.5 - Caixa de diálogo Formatar Células usada para excluir o código personalizado.

2. Clique no botão **Excluir** ou escolha outro formato numérico.

3. Finalize com **OK**.

4. A exclusão aplicada redefiniu a faixa das células **I5:I12** como **Geral**. Convém aplicar a formatação que separe os milhares.

10.6 Ocultar Coluna ou Planilha

É comum existirem colunas com dados confidenciais, que não devem ser exibidos facilmente.

Procedimento

1. Selecione as colunas **H** e **I**. Veja a Figura 10.6.

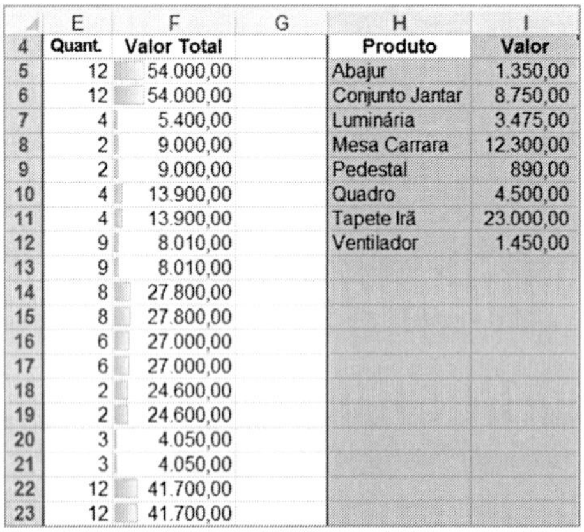

Figura 10.6 - Colunas selecionadas pelo mouse ao serem clicadas nos respectivos títulos (H:I).

2. Execute o comando:

    Guia: PÁGINA INICIAL

    Grupo: Células

    Botão: Formatar

3. Em **Visibilidade**, escolha o item **Ocultar e Reexibir**.

4. Defina a escolha para a opção **Ocultar Colunas**.

Observe que as colunas foram ocultas, ficando na sequência apenas as colunas **...E, F, G, J, K**... Veja a Figura 10.7.

	E	F	G	J	K
4	Quant.	Valor Total			
5	12	54.000,00			
6	12	54.000,00			
7	4	5.400,00			
8	2	9.000,00			
9	2	9.000,00			
10	4	13.900,00			
11	4	13.900,00			
12	9	8.010,00			
13	9	8.010,00			
14	8	27.800,00			
15	8	27.800,00			
16	6	27.000,00			
17	6	27.000,00			
18	2	24.600,00			
19	2	24.600,00			
20	3	4.050,00			
21	3	4.050,00			

Figura 10.7 - Planilha com as colunas H e I ocultas.

10.7 Exibir Coluna Oculta

Caso deseje exibir a coluna omitida, siga o que se pede:

1. Selecione uma faixa que englobe inclusive as colunas ocultadas (**G:J**).

2. Execute o comando:

   Guia: PÁGINA INICIAL

   Grupo: Células

   Botão: Formatar

3. Em **Visibilidade**, escolha o item **Ocultar e Reexibir**, para, na sequência, escolher a opção **Reexibir Colunas**.

As ações tanto de ocultar ou de reexibir as colunas pode ser feita com o clique direito do mouse sobre a coluna desejada. Quando se deseja reexibir uma coluna, é preciso selecionar as colunas que ficam à extremidade daquela que está oculta. Veja a aplicação dessa dica na Figura 10.8.

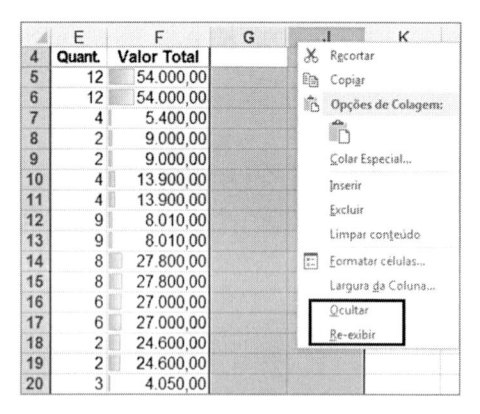

Figura 10.8 - Clique com o botão direito do mouse para definir se as colunas serão ocultas ou reexibidas.

10.8 Criar Senha de Proteção

A senha de proteção, ou *password*, é criada para impedir que pessoas não autorizadas tentem alterar o conteúdo de sua planilha.

1. Execute o comando:

    Guia: REVISÃO

    Grupo: Alterações

    Botão: Proteger Planilha

2. Aparece a Caixa de diálogo **Proteger planilha**, semelhante à indicada na Figura 10.9.

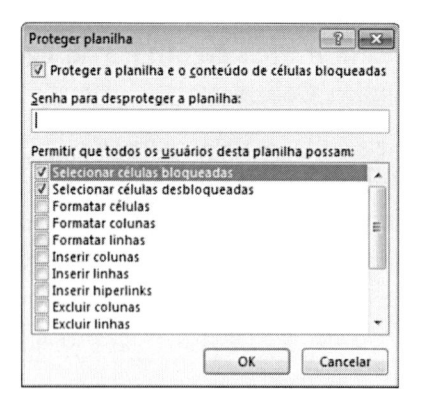

Figura 10.9 - Caixa de diálogo Proteger planilha.

Podem-se usar quaisquer combinações de caracteres alfanuméricos (espaços não são permitidos).

3. Escreva a senha escolhida, *teste,* na lacuna referente ao campo **Senha para desproteger a planilha**.

4. Clique no botão **OK**.

5. Solicita-se a confirmação da senha. Digite-a novamente na Caixa de diálogo **Confirmar senha**, que verifica se ela está correta e se não houve erro de digitação.

6. Finalize com o botão **OK**.

7. Tente escrever qualquer coisa na planilha e, com isso, notará que o Excel 2013 não permite a ação, como indicado pela Figura 10.10.

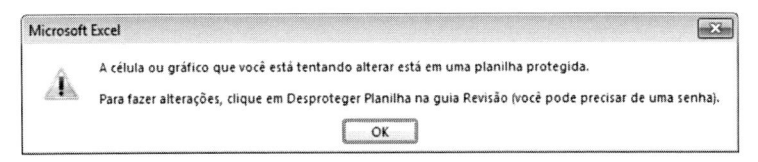

Figura 10.10 - Alerta de bloqueio de conteúdo por senha.

10.9 Desfazer uma Senha

Para alterar ou desfazer uma senha, você **deve** estar com o arquivo carregado em memória. Caso contrário, é impossível executar a ação.

1. Execute o comando:

   Guia: REVISÃO

   Grupo: Alterações

   Botão: Desproteger Planilha

2. Confirme a senha corretamente.

10.10 Planilha Protegida com Algumas Áreas Editáveis

Imagine que essa planilha seja muito importante e que apenas uma faixa de células deva ser editável, pois alterações em locais equivocados comprometeriam a integridade dos dados apresentados.

É importante, portanto, que a planilha seja protegida. Porém, antes deve-se informar para o Excel 2013 quais áreas serão editáveis.

Procedimento

1. Selecione as áreas editáveis, neste caso, a faixa: **I5:I12**.

2. Execute o comando:

    Guia: PÁGINA INICIAL

    Grupo: Células

    Botão: Formatar

3. Posicione-se na aba **Proteção**.

4. Desative a opção **Bloqueadas**.[10] Veja a Figura 10.11:

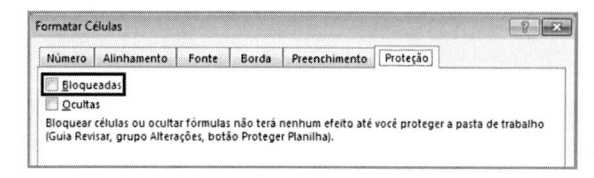

    Figura 10.11 - Desativação da opção de bloqueio de células.

5. Execute o comando usado anteriormente para proteger a planilha.

    Guia: REVISÃO

    Grupo: Alterações

    Botão: Proteger Planilha

    Agora a planilha está toda protegida, com exceção da faixa de células **I5:I12**.

6. Altere o valor do **Tapete Irã** para **17000**. A troca foi possível e isso afetou diretamente a planilha.

7. Desfaça a alteração com o botão **Desfazer Digitação**, apresentado na Figura 10.12.

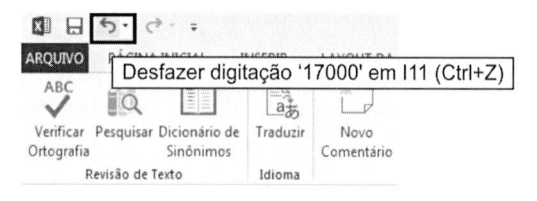

    Figura 10.12 - Botão Desfazer Digitação.

---

[10] Ao desbloquear as células, elas se tornam editáveis quando a planilha estiver protegida.

8. Desfaça a senha usando o comando apropriado. O botão **Desfazer** não funciona neste caso.

9. Salve o arquivo.

10.11 Senha de Arquivo

Apesar de ser uma forma de proteção, a senha de arquivo em nada se compara ao que foi apresentado até então, pois ela protege o arquivo de modo que ninguém consiga abri-lo.

Procedimento

1. Com o arquivo aberto, execute o comando:

   Guia: ARQUIVO

   Salvar como

   Computador

   Procurar

2. Surge a Caixa de diálogo **Salvar como**, em que há o botão **Ferramentas**, como indica a Figura 10.13.

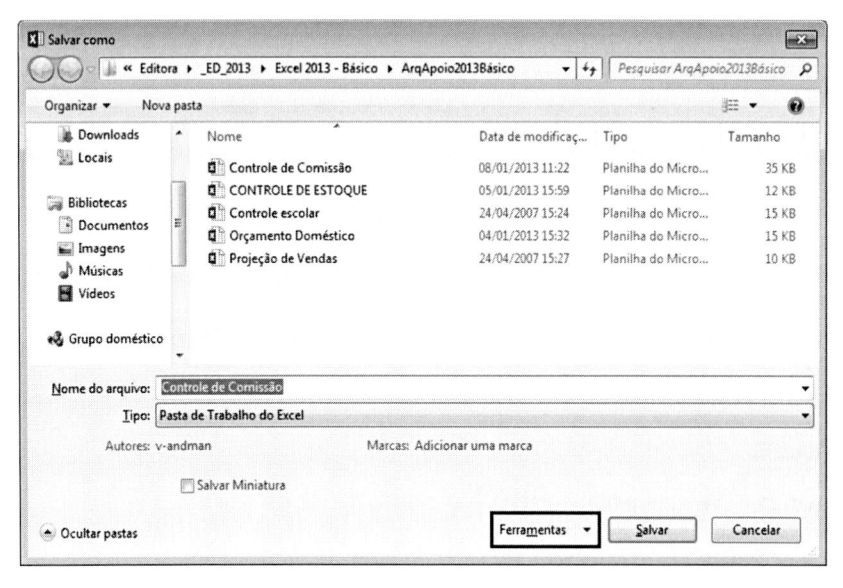

Figura 10.13 - Caixa de diálogo Salvar como, com destaque para a opção Ferramentas.

3. Clique nesse botão e escolha **Opções gerais...** para que seja possível determinar a senha do arquivo, Figura 10.14.

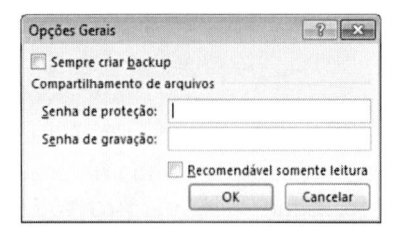

Figura 10.14 - Caixa de diálogo Opções Gerais.

4. Coloque a senha para proteção do arquivo no campo **Senha de proteção**. Dessa forma, exige-se que, antes de abrir o arquivo, o usuário digite a senha. Caso a senha seja digitada no campo **Senha de gravação**, o usuário é obrigado a entrar com a senha antes da gravação, caso contrário, não conseguirá completar a ação.

5. Finalize com **OK**.

10.12 Desfazer a Senha de Arquivo

Caso não queira mais que o arquivo exija a senha antes da abertura ou da gravação, proceda como segue.

Procedimento

1. Abra o arquivo que exige a senha, caso contrário, não é possível alterar ou excluir a senha.

2. Execute o comando:

   Guia: ARQUIVO

   Salvar como

   Computador

   Procurar

3. Clique no botão **Ferramentas** e escolha **Opções gerais...** .

4. Com a **Caixa de diálogo Opções Gerais** aberta, selecione a senha com o mouse e por fim tecle **<Del>**.

5. Finalize o processo de gravação.
6. Feche a planilha.

10.13 Fixação dos Arquivos e Pastas

Esse recurso é muito importante para quem precisa trabalhar com uma grande quantidade de arquivos no Excel. Ele possibilita fixar os arquivos de uso mais comum, pois se evita o desgaste de procurá-los constantemente.

Procedimento

1. Execute o comando **Arquivo > Abrir** ou **Arquivo > Salvar como**.
2. Com estes comandos, a tela que permite a fixação do arquivo é exibida, Figura 10.15. No exemplo, deu-se preferência ao comando **Abrir**.

Figura 10.15 - Tela com a listagem de arquivos utilizados recentemente.

3. Clique no ícone em destaque para que se efetue a fixação do arquivo como seu preferido.

Não há limites para a fixação das pastas ou dos arquivos preferidos.

Exercícios

1. Qual comando permite congelar painéis?
2. Como é possível ocultar dados das células de uma planilha?
3. Como se aplica uma senha à planilha?
4. Como se determina a senha de um arquivo?
5. Como se cancela uma senha de arquivo?

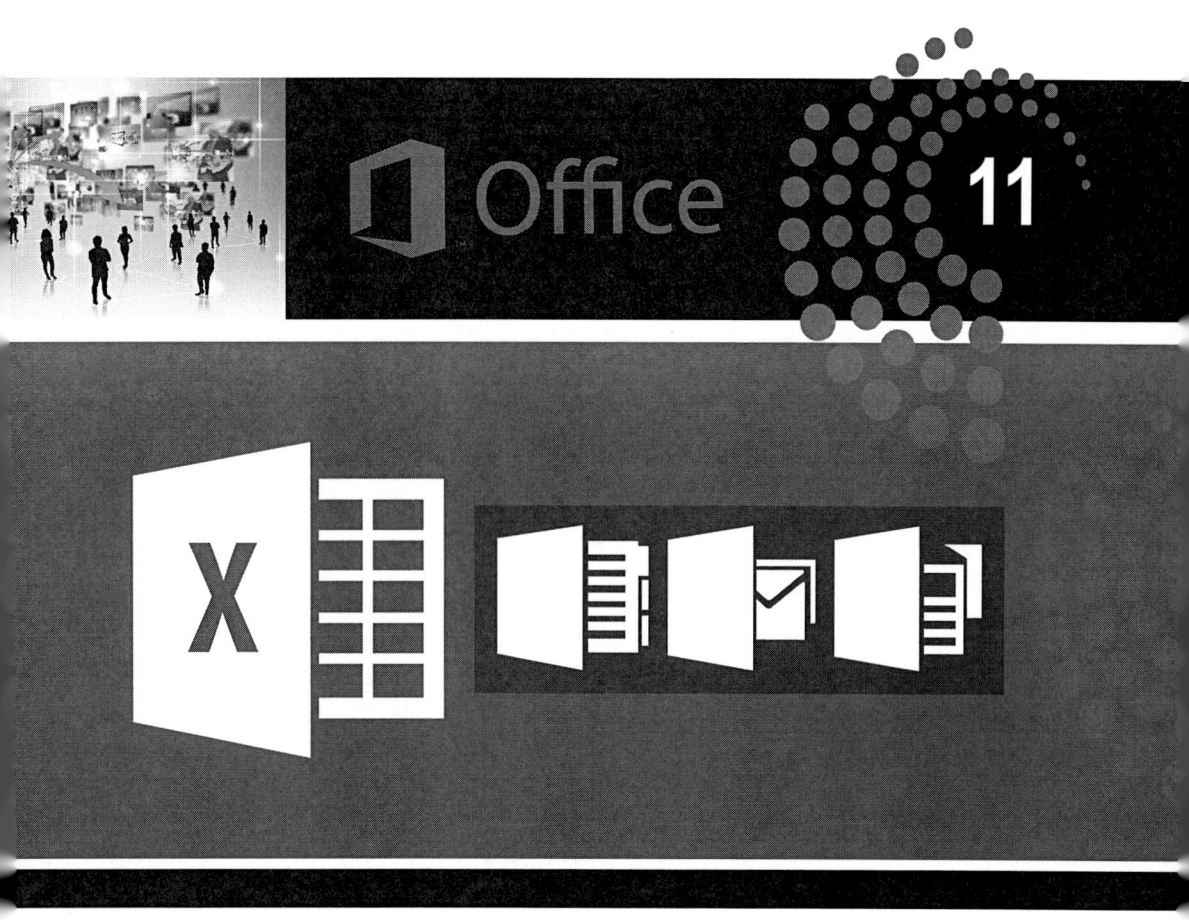

Criar Planilha de Consolidação

Objetivo

- Abordar o uso mais aprofundado de fórmulas em planilhas 3D.

11.1 Preparação da Nova Planilha

Planilhas 3D se interligam com as folhas de cálculo e podem, ainda, interligar arquivos.

Crie planilhas similares às apresentadas nas próximas figuras, observando seu posicionamento nas **guias** localizadas na **Barra de status** do Excel 2013.

Procedimento

1. Abra um novo arquivo.
2. Dê um duplo clique na **guia Plan1** e a renomeie como **1º Bim**.
3. Crie mais **quatro** folhas de cálculo (planilhas), clicando no botão **Inserir Planilha**, apresentado à direita da atual **1º Bim**.
4. Altere os nomes das **guias** para **2º Bim**, **3º Bim**, **4º Bim** e **Totais**.
5. Retorne para a **guia 1º Bim** e monte a planilha apresentada na Figura 11.1.

	A	B	C	D
1		Colégio Hepet Entes		
2		1º Bimestre - Matemática		
3		Prof. Oscar Kulados		
4				
5	Aluno	Prova 1	Prova 2	Média
6	Anna			
7	Átila			
8	Catherinne			
9	Cesar			
10	Dionízio			
11	Isabel			
12	Nicodemos			
13	Nicolau			
14	Péricles			
15	Sophia			
16	Tibérius			

Figura 11.1 - Planilha do 1º bimestre estruturada e parcialmente formatada.

6. Salve o arquivo com o nome **Controle Escolar**.
7. Selecione as colunas **A:D** da **guia 1º Bim**. Veja como deve ficar a seleção verificando a Figura 11.2.

	A	B	C	D
1	Colégio Hepet Entes			
2	1º Bimestre - Matemática			
3	Prof. Oscar Kulados			
4				
5	Aluno	Prova 1	Prova 2	Média
6	Anna			
7	Átila			
8	Catherinne			
9	Cesar			
10	Dionízio			
11	Isabel			
12	Nicodemos			
13	Nicolau			
14	Péricles			
15	Sophia			
16	Tibérius			
17				
18				
19				

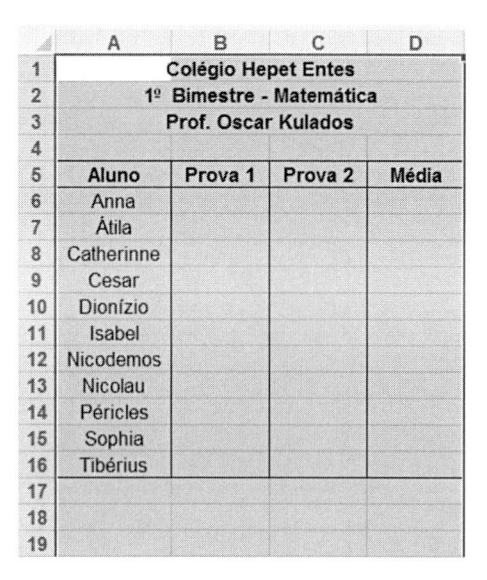

Figura 11.2 - Seleção das colunas.

8. Execute o comando de cópia.

9. Posicione-se na **guia 2º Bim** e, com a tecla **<Shift>** pressionada, selecione tudo até a **guia Totais**.

10. Posicione o cursor sobre a célula **A1**.

11. Execute o comando de colagem.[11]

12. Clique na **guia 2º Bim** e altere o conteúdo da célula **A2** para **2º Bimestre - Matemática**.

13. Clique na **guia 3º Bim** e altere o conteúdo da célula **A2** para **3º Bimestre - Matemática**.

14. Clique na **guia 4º Bim** e altere o conteúdo da célula **A2** para **4º Bimestre - Matemática**.

15. Volte para a **guia 1º Bim**.

---

[11] Quando se efetua a cópia de uma coluna, o resultado da colagem é a mesma formatação, inclusive no que se refere à largura.

16. Insira os valores de acordo com as coordenadas a seguir.

Aluno	Prova 1	Prova 2
Anna	8	5
Átila	6	7
Catherinne	9	6
Cesar	5	8
Dionízio	3	9
Isabel	7	5
Nicodemos	4	7
Nicolau	9	6
Péricles	4	5
Sophia	6	4
Tibérius	8	6

17. Salve.

18. Na **guia 2º Bim**, use os valores da tabela a seguir.

Aluno	Prova 1	Prova 2
Anna	6	6
Átila	5	5
Catherinne	3	7
Cesar	6	6
Dionízio	2	7
Isabel	4	5
Nicodemos	5	6
Nicolau	7	7
Péricles	6	6
Sophia	5	8
Tibérius	8	4

19. Na **guia 3º Bim**, insira os valores indicados na próxima tabela.

Aluno	Prova 1	Prova 2
Anna	5	5
Átila	6	6
Catherinne	7	6
Cesar	6	6
Dionízio	5	4
Isabel	4	3
Nicodemos	2	4
Nicolau	3	5
Péricles	4	5
Sophia	3	6
Tibérius	3	5

20. Na **guia 4º Bim**, use os valores a seguir.

Aluno	Prova 1	Prova 2
Anna	8	8
Átila	7	7
Catherinne	8	6
Cesar	6	5
Dionízio	5	6
Isabel	7	5
Nicodemos	6	6
Nicolau	8	7
Péricles	7	5
Sophia	6	4
Tibérius	7	3

21. Salve.

22. Calcule as médias de cada alça (**bimestres**) com a seguinte fórmula:

=(Prova 1+Prova 2)/2

23. Após efetuar o cálculo para todos os alunos e em todos os bimestres, posicione-se na folha **Totais**.

24. Procure deixar a alça **Totais** conforme o indicado pela Figura 11.3.

	A	B	C	D	E	F
1			Colégio Hepet Entes			
2			Total e Média Geral			
3			Prof. Oscar Kulados			
4						
5	Aluno	1º Bim	2º Bim	3º Bim	4º Bim	Média
6	Anna					
7	Átila					
8	Catherinne					
9	Cesar					
10	Dionízio					
11	Isabel					
12	Nicodemos					
13	Nicolau					
14	Péricles					
15	Sophia					
16	Tibérius					

Figura 11.3 - Coordenadas e estrutura da alça Totais.

25. Salve o arquivo.

11.2 Consolidação de Valores

A consolidação de valores normalmente se dá como a soma dos dados já apontados e não mais alterados.

O objetivo é **Consolidar** essas informações, a fim de calcular a média final. Isso pode ser efetuado por dois caminhos:

→ **1º caminho:** efetuar o cálculo da média geral considerando as notas apontadas nos quatro bimestres;

→ **2º caminho:** trazer cada nota, de cada bimestre, à folha **Totais** e nela calcular a média dos valores ao "alcance dos olhos".

Neste caso, o segundo caminho será utilizado.

Procedimento

1. Na folha **Totais**, posicione o cursor sobre a célula **B6**. Esta célula deve trazer o resultado da média do 1º bimestre da aluna **Anna**. Portanto, a fórmula usada deve ser:

   ='1 Bim'!D6

2. Para chegar a essa fórmula, acompanhe os passos a seguir:

   → comece a fórmula com o sinal de igual (=);

   → clique na alça da folha **1º Bim**;

   → clique na célula **D6**;

   → finalize com **<Enter>**.

3. Copie a fórmula para as demais células.

4. Repita os passos para os demais bimestres. Veja a Figura 11.4.

	A	B	C	D	E	F
1			Colégio Hepet Entes			
2			Total e Média Geral			
3			Prof. Oscar Kulados			
4						
5	Aluno	1º Bim	2º Bim	3º Bim	4º Bim	Média
6	Anna	6,5	6	5	8	
7	Átila	6,5	5	6	7	
8	Catherinne	7,5	5	6,5	7	
9	Cesar	6,5	6	6	5,5	
10	Dionízio	6	4,5	4,5	5,5	
11	Isabel	6	4,5	3,5	6	
12	Nicodemos	5,5	5,5	3	6	
13	Nicolau	7,5	7	4	7,5	
14	Péricles	4,5	6	4,5	6	
15	Sophia	5	6,5	4,5	5	
16	Tibérius	7	6	4	5	

Figura 11.4 - Todos os bimestres calculados e apontados na folha Totais.

5. Posicione o cursor sobre a célula **F6** e efetue o cálculo correto das médias usando a função **=MÉDIA**.

6. Aplique a **formatação condicional** conforme as situações apresentadas a seguir e, depois, compare com o que é exibido na Figura 11.5.

   → Aplique uma casa decimal a todos os valores;

   → Defina notas maiores ou iguais a 6 em **Itálico** e azul;

   → Defina notas menores que 6 em **Negrito** e vermelho.

	A	B	C	D	E	F
1			Colégio Hepet Entes			
2			Total e Média Geral			
3			Prof. Oscar Kulados			
4						
5	Aluno	1º Bim	2º Bim	3º Bim	4º Bim	Média
6	Anna	6,5	6,0	5,0	8,0	6,4
7	Átila	6,5	5,0	6,0	7,0	6,1
8	Catherinne	7,5	5,0	6,5	7,0	6,5
9	Cesar	6,5	6,0	6,0	5,5	6,0
10	Dionízio	6,0	4,5	4,5	5,5	5,1
11	Isabel	6,0	4,5	3,5	6,0	5,0
12	Nicodemos	5,5	5,5	3,0	6,0	5,0
13	Nicolau	7,5	7,0	4,0	7,5	6,5
14	Péricles	4,5	6,0	4,5	6,0	5,3
15	Sophia	5,0	6,5	4,5	5,0	5,3
16	Tibérius	7,0	6,0	4,0	5,0	5,5

Figura 11.5 - Planilha de consolidação terminada.

7. Salve o arquivo.

Office 12

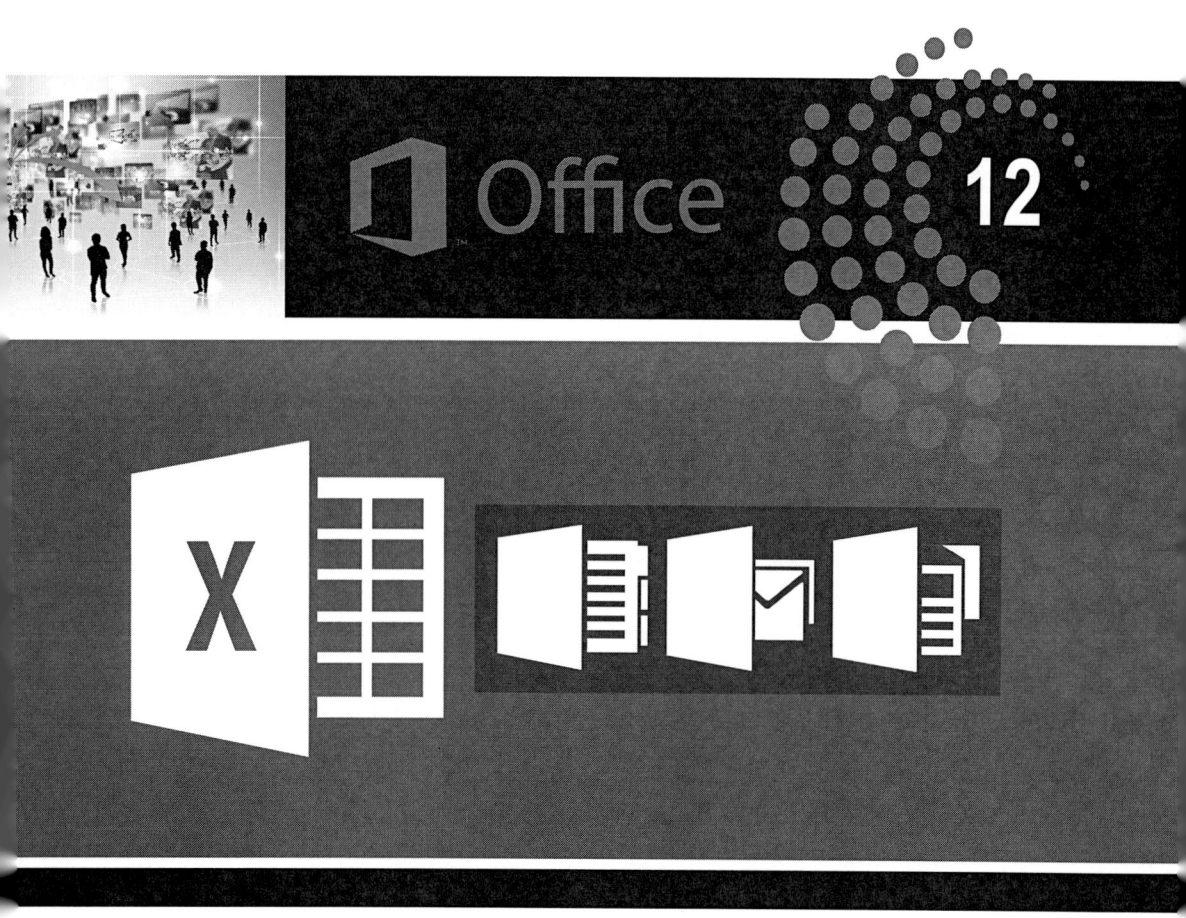

DICAS E CURIOSIDADES

Objetivos

- Indicar os meios para obter ajuda;
- Proporcionar ao leitor o acesso a informações adicionais e atalhos possíveis para a execução de comandos;
- Abordar as configurações gerais do Excel 2013.

12.1 Personalizar a Barra de Status

A **Barra de Status**, como já tratado no Capítulo 2, fornece informações referentes à planilha em uso.

1. Para personalizá-la, basta clicar com o botão direito do mouse em qualquer parte da **Barra de Status**.

2. Escolhas os elementos que farão parte da **Barra**. Veja o exemplo apresentado na Figura 12.1.

Personalizar Barra de Status	
✓ Modo de Célula	Pronto
✓ Células em Branco de Preenchimento Relâmpago	
✓ Células Alteradas de Preenchimento Relâmpago	
✓ Assinaturas	Desativado
✓ Política de Gerenciamento de Informações	Desativado
✓ Permissões	Desativado
Caps Lock	Desativado
Num Lock	Desativado
✓ Scroll Lock	Desativado
✓ Decimal Fixo	Desativado
Modo Sobrescrever	
✓ Modo de Término	
Gravação de Macro	Sem Gravação
✓ Modo de Seleção	
✓ Número da Página	
✓ Média	
✓ Contagem	
Contagem Numérica	
Mínimo	
Máximo	
✓ Soma	
✓ Status de Carregamento	
✓ Exibir Atalhos	
✓ Controle Deslizante de Zoom	
✓ Zoom	130%

Figura 12.1 - Definição do conteúdo da Barra de Status.

3. Escolha as opções a serem incorporadas à **Barra de Status**.

4. Ao terminar, clique fora da lista de opções.

12.1.1 Opções do Excel 2013

O Excel 2013 vem com uma configuração padrão, mas permite que sejam feitas modificações para melhor aproveitamento dos recursos.

A configuração do Excel 2013 está centralizada no comando a seguir:

Guia: ARQUIVO

Opções

1. Após a execução desse comando, apresenta-se a Caixa de diálogo **Opções do Excel**, conforme indica a Figura 12.2.

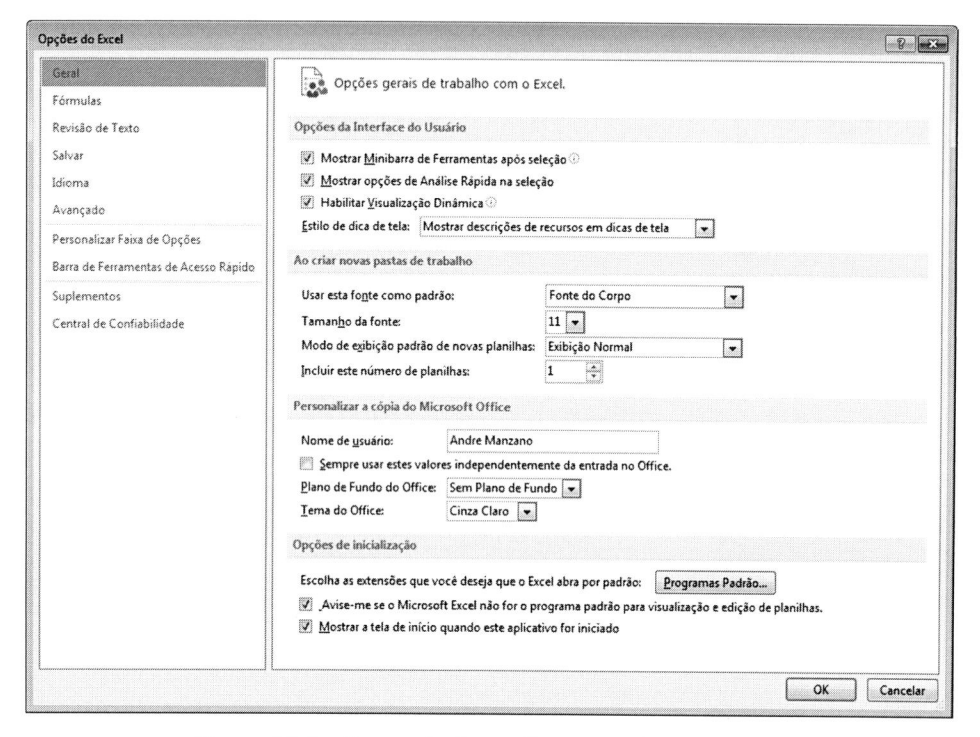

Figura 12.2 - Comando de configuração do Excel 2013.

Algumas das categorias de configuração são:

→ **Geral:** oferece uma coletânea de recursos mais usados para o trabalho com o Excel 2013.

→ **Fórmulas:** altera o modo de desempenho, de cálculo das fórmulas, e de tratamento de erros.

→ **Revisão de Texto:** altera a forma como o Excel 2013 corrige e formata o texto.

→ **Salvar:** personaliza o modo como as pastas de trabalho são salvas.

→ **Idioma:** permite inserir outros idiomas e usá-los nos arquivos, na correção ortográfica e nos comandos de ajuda.

→ **Avançado:** opções avançadas de configurações de trabalho do Excel.

12.1.2 Configurar os Locais dos Arquivos

Para alterar o modo como os arquivos são salvos, sem ficar preso aos **Meus documentos** como Destino, basta proceder como segue.

Procedimento

1. Execute o comando a seguir e observe a Figura 12.3.

    Guia: ARQUIVO

    Opções

    Salvar

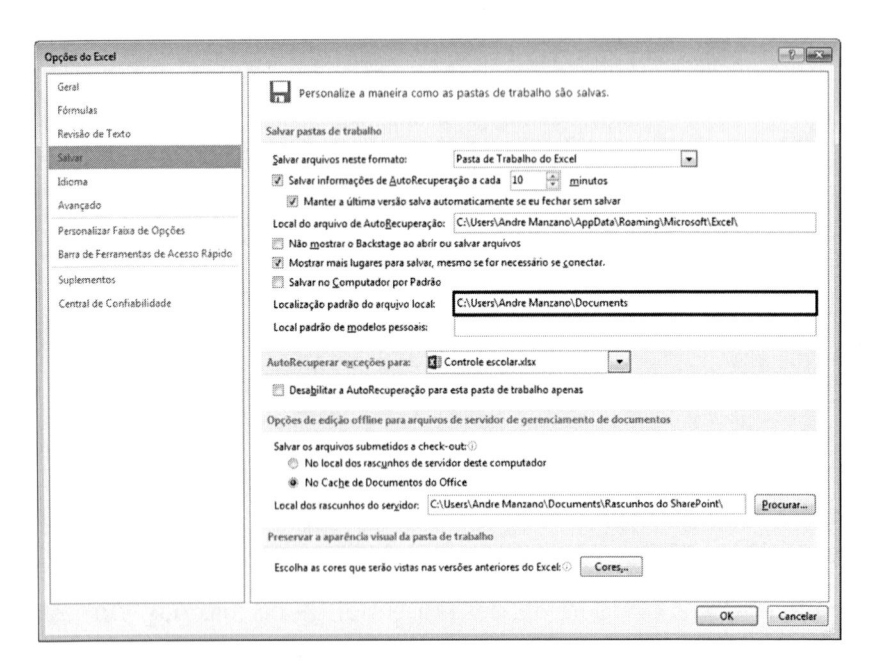

Figura 12.3 - Ambiente para alterar a maneira como os arquivos e pastas de trabalho são salvos.

2. É possível mudar a pasta dos arquivos localizados em **Local do arquivo de AutoRecuperação**.

3. É possível mudar a pasta dos arquivos localizados em **Localização padrão do arquivo local**.

4. Finalize com **OK**.

5. Caso queira sair do ambiente de configuração do Excel 2013, basta clicar novamente em **OK**.

12.2 Ajuda do Microsoft Excel 2013

Quando houver dúvidas ou dificuldades para executar um determinado comando ou recurso que o Excel 2013 oferece, proceda como segue.

Procedimento

1. Tecle **<F1>**.

2. Gere a Caixa de diálogo **Ajuda do Excel**, como pode ser observado na Figura 12.4.

Figura 12.4 - Caixa de diálogo Ajuda do Excel.

3. Há uma lacuna em que é possível escrever o tema da dúvida. Em seguida, clique no botão **Pesquisar**.

4. Caso prefira, clique em um dos links existentes para acessar a ajuda do tema no qual se tem dúvidas.

12.3 Algumas Teclas de Atalho

Com o passar do tempo, é importante que o usuário se acostume com algumas teclas de atalho. Segue uma tabela que contém a maioria delas.

Teclas de Atalho	Descrição
<Ctrl> + <Shift> + <(>	Exibe novamente as linhas ocultas dentro da seleção.
<Ctrl> + <Shift> + <)>	Exibe novamente as colunas ocultas dentro da seleção.
<Ctrl> + <Shift> + <&>	Aplica contorno às células selecionadas.
<Ctrl> + <Shift> + <_>	Remove o contorno das células selecionadas.
<Ctrl> + <Shift> + <~>	Aplica o formato de número **Geral**.
<Ctrl> + <Shift> + <$>	Aplica o formato **Moeda** com duas casas decimais (números negativos são dispostos entre parênteses).
<Ctrl> + <Shift> + <%>	Aplica o formato **Porcentagem** sem casas decimais.
<Ctrl> + <Shift> + <^>	Aplica o formato de número **Exponencial** com duas casas decimais.
<Ctrl> + <Shift> + <#>	Aplica o formato **Data** com dia, mês e ano.
<Ctrl> + <Shift> + <@>	Aplica o formato **Hora** com hora e minutos, AM ou PM.
<Ctrl> + <Shift> + <!>	Aplica o formato **Número** com duas casas decimais, separador de milhar e sinal de menos (–) para valores negativos.
<Ctrl> + <Shift> + <*>	Seleciona a região em torno da célula ativa (área de dados circunscrita por linhas e colunas vazias). Em uma tabela dinâmica, seleciona o relatório inteiro.
<Ctrl> + <Shift> + <:>	Insere a hora atual.
<Ctrl> + <;>	Insere a data atual.

Teclas de Atalho	Descrição
`<Ctrl> + <`>`	Alterna entre a exibição dos valores da célula e das fórmulas.
`<Ctrl> + <'>`	Copia a fórmula da célula que está acima da célula ativa para a célula atual ou para a **Barra de fórmulas**.
`<Ctrl> + <1>`	Exibe a Caixa de diálogo **Formatar Células**.
`<Ctrl> + <2>`	Aplica ou remove o **Negrito**.
`<Ctrl> + <3>`	Aplica ou remove o **Itálico**.
`<Ctrl> + <4>`	Aplica ou remove o **Sublinhado**.
`<Ctrl> + <5>`	Aplica ou remove o **Tachado**.
`<Ctrl> + <6>`	Alterna entre ocultar objetos, exibir objetos e exibir espaços reservados para objetos.
`<Ctrl> + <8>`	Exibe ou oculta os símbolos de estrutura de tópicos.
`<Ctrl> + <9>`	Oculta as linhas selecionadas.
`<Ctrl> + <0>`	Oculta as colunas selecionadas.
`<Ctrl> + <A>`	Seleciona a planilha inteira. Se a planilha contiver dados, `<Ctrl> + <A>` seleciona a região atual. Ao pressionar o atalho novamente, seleciona-se a região atual e suas linhas de resumo. Ao pressionar `<Ctrl> + <A>` mais uma vez, seleciona-se a planilha inteira. Quando o ponto de inserção está à direita de um nome de função em uma fórmula, exibe-se a Caixa de diálogo **Argumentos da Função**. `<Ctrl> + <Shift> + <A>` insere os nomes e os parênteses do argumento quando o ponto de inserção está à direita de um nome de função em uma fórmula.
`<Ctrl> + <N>`	Aplica ou remove o **Negrito**.
`<Ctrl> + <C>`	Copia as células selecionadas. Ao pressionar `<Ctrl> + <C>` duas vezes seguidas, exibe-se a **Área de Transferência**.
`<Ctrl> + <D>`	Usa o comando **Preencher abaixo** para copiar o conteúdo e o formato da célula acima de um intervalo selecionado para as células abaixo.
`<Ctrl> + <F>`	Exibe a Caixa de diálogo **Localizar e substituir**, com a **guia Localizar** selecionada. O atalho `<Shift> + <F5>` também exibe essa **guia**, enquanto `<Shift> + <F4>` repete a última ação de **Localizar**. `<Ctrl> + <Shift> + <F>` abre a Caixa de diálogo **Formatar Células**, com a **guia Fonte** selecionada.

Teclas de Atalho	Descrição
\<Ctrl\> + \<G\>	Exibe a Caixa de diálogo **Ir para**. A tecla de função **\<F5\>** também exibe essa **Caixa de diálogo**.
\<Ctrl\> + \<H\>	Exibe a Caixa de diálogo **Localizar e substituir**, com a **guia Substituir** selecionada.
\<Ctrl\> + \<I\>	Aplica ou remove o **Itálico**.
\<Ctrl\> + \<K\>	Exibe a Caixa de diálogo **Inserir hyperlink** para novos hyperlinks ou a Caixa de diálogo **Editar hyperlink** para os hyperlinks selecionados.
\<Ctrl\> + \<N\>	Cria uma pasta de trabalho em branco
\<Ctrl\> + \<O\>	Exibe a Caixa de diálogo **Abrir**, que permite abrir ou localizar um arquivo. O atalho **\<Ctrl\> + \<Shift\> + \<O\>** seleciona todas as células que contêm comentários.
\<Ctrl\> + \<P\>	Exibe a Caixa de diálogo **Imprimir**. O atalho **\<Ctrl\> + \<Shift\> + \<P\>** abre a Caixa de diálogo **Formatar Células**, com a **guia Fonte** selecionada.
\<Ctrl\> + \<R\>	Usa o comando **Preencher à direita** para copiar o conteúdo e o formato da célula à esquerda de um intervalo selecionado para as células à direita.
\<Ctrl\> + \<B\>	Salva o arquivo ativo com o nome de arquivo, local e formato atual.
\<Ctrl\> + \<T\>	Exibe a Caixa de diálogo **Criar Tabela**.
\<Ctrl\> + \<S\>	Aplica ou remove o **Sublinhado**. O atalho **\<Ctrl\> + \<Shift\> + \<S\>** alterna entre a expansão e a redução da **Barra de fórmulas**.
\<Ctrl\> + \<V\>	Insere o conteúdo da **Área de Transferência** no ponto de inserção e substitui qualquer seleção. Disponível somente depois de um objeto, texto ou conteúdo de célula ser recortado ou copiado.
\<Ctrl\> + \<W\>	Fecha a janela da pasta de trabalho selecionada.
\<Ctrl\> + \<X\>	Recorta as células selecionadas.
\<Ctrl\> + \<Y\>	Repete o último comando ou ação, se possível.
\<Ctrl\> + \<Z\>	Usa o comando **Desfazer** para reverter o último comando ou excluir a última entrada digitada. O atalho **\<Ctrl\> + \<Shift\> + \<Z\>** usa o comando **Desfazer** ou **Refazer** para reverter ou restaurar a correção automática quando **Marcas Inteligentes** de **AutoCorreção** são exibidas.

12.4 Combinações com as Teclas de Funções

Exercem as mesmas vantagens que as teclas de atalho, porém se baseiam nas combinações de **<F1>** a **<F12>**.

Tecla	Descrição
<F1>	Exibe o **Painel de tarefas** da **Ajuda do Microsoft Excel**. **<Ctrl>** + **<F1>** exibe ou oculta uma faixa. **<Alt>** + **<F1>** cria um gráfico dos dados no intervalo atual. **<Alt>** + **<Shift>** + **<F1>** insere uma nova planilha.
<F2>	Edita a célula ativa e posiciona o ponto de inserção ao fim do conteúdo da célula. Também move o ponto de inserção para a **Barra de fórmulas**, permitindo a edição em uma célula desativada. **<Shift>** + **<F2>** adiciona ou edita um comentário à célula. **<Ctrl>** + **<F2>** exibe a **janela Visualizar Impressão**.
<F3>	Exibe a Caixa de diálogo **Colar Nome**. **<Shift>** + **<F3>** exibe a Caixa de diálogo **Inserir Função**.
<F4>	Repete o último comando ou ação, se possível. **<Ctrl>** + **<F4>** fecha a janela da pasta de trabalho selecionada.
<F5>	Exibe a Caixa de diálogo **Ir para**. **<Ctrl>** + **<F5>** restaura o tamanho da janela da pasta de trabalho selecionada.
<F6>	Alterna entre planilha, faixa, painel de tarefas e controles de zoom. Em uma planilha que foi dividida (menu **Exibir** > comando **Gerenciar Esta Janela** > **Congelar Painéis** > **Dividir Janela**), **<F6>** inclui a divisão de painéis ao alternar entre painéis e a área de faixa. **<Shift>** + **<F6>** alterna entre planilha, faixa, painel de tarefas e controles de zoom. Quando mais de uma janela da pasta de trabalho é aberta, **<Ctrl>** + **<F6>** alterna para a próxima janela da pasta.
<F7>	Exibe a Caixa de diálogo **Verificar ortografia**, que permite checar a ortografia na planilha ativa ou no intervalo selecionado. **<Ctrl>** + **<F7>** executa o comando **Mover** na janela da pasta de trabalho quando ela não está maximizada. Use as teclas de direção para mover a janela e, ao terminar, pressione **<Enter>** para confirmar ou **<Esc>** para cancelar.
<F8>	Ativa ou desativa o modo estendido. Nesse modo, **Seleção Estendida** aparece na **Barras de status** e as teclas de direção estendem a seleção. **<Shift>** + **<F8>** permite adicionar uma célula não adjacente ou um intervalo a uma seleção de células, por meio das teclas de direção. **<Ctrl>** + **<F8>** executa o comando **Tamanho** (disponível no menu **Controle** da janela da pasta de trabalho) quando uma pasta de trabalho não está maximizada. **<Alt>** + **<F8>** exibe a Caixa de diálogo **Macro** para criar, executar, editar ou excluir uma macro.

Tecla	Descrição
<F9>	Calcula todas as planilhas em todas as pastas de trabalho abertas. **<Shift> + <F9>** calcula a planilha ativa. **<Ctrl> + <Alt> + <F9>** calcula todas as planilhas em todas as pastas de trabalho abertas, independentemente de terem sido ou não alteradas desde o último cálculo. **<Ctrl> + <Alt> + <Shift> + <F9>** verifica novamente as fórmulas dependentes e, depois, calcula todas as células em todas as pastas de trabalho abertas, inclusive as que não estão marcadas para serem calculadas. **<Ctrl> + <F9>** minimiza a janela da pasta de trabalho, deixando-o como um ícone.
<F10>	Ativa e desativa as dicas de tecla. **<Shift> + <F10>** exibe o menu de atalho para um item selecionado. **<Alt> + <Shift> + <F10>** exibe o menu ou a mensagem de uma marca inteligente. Se mais de uma marca inteligente estiver presente, o atalho alterna para a marca inteligente seguinte e exibe seu menu ou sua mensagem. **<Ctrl> + <F10>** maximiza ou restaura a janela da pasta de trabalho selecionada.
<F11>	Cria um gráfico dos dados no intervalo selecionado. **<Shift> + <F11>** insere uma nova planilha. **<Alt> + <F11>** abre o editor do Microsoft Visual Basic, no qual você pode criar uma macro utilizando o VBA (*Visual Basic for Applications*).
<F12>	Exibe a Caixa de diálogo **Salvar como**.

Bibliografia

MANZANO, A. L. N. G. **Estudo Dirigido de Microsoft Office Excel 2010**. São Paulo: Érica, 2010. (Coleção PD).

MANZANO, J. A. N. G.; MANZANO, A. L. N. G. **Estudo Dirigido de Microsoft Office Excel 2010: Avançado**. São Paulo: Érica, 2010. (Coleção PD).

Marcas Registradas

Multiplan, Microsoft Windows 95, Microsoft Windows 98, Windows 2000, Windows XP, Windows Vista, Windows 7, Windows 8 e Microsoft Office Excel 2013 são marcas registradas da Microsoft Corporation.

1-2-3 é marca registrada da Lotus Development Corporation.

Quattro e Quattro Pro são marcas registradas da Corel Corporation.

SuperCalc é marca registrada da Computer Association.

Todos os demais nomes registrados, marcas registradas ou direitos de uso citados neste livro pertencem aos seus respectivos proprietários.

Índice Remissivo

A
ABS 71-73
Absolutas 59
ARRED 73, 74
    PARA.BAIXO 74
    PARA.CIMA 70, 75
AutoPreencher 49, 50

B
Barra de
    Ferramenta de Acesso Rápido 30
    fórmulas 32, 33, 66, 203
    Status 32, 188, 196
Botão Microsoft Office 29, 30, 38,
    41, 61, 166, 183, 185, 197, 198
Botões de comando 29, 38

C
Cálculo 26, 27, 36, 37, 43, 64, 82, 86,
    87, 102, 106, 108, 188, 204
CONT.
    VALORES 81
    NÚM 70, 80
CONTAR.VAZIO 81

D
Daniel Bricklin 21
Destino 58, 59, 93, 97, 98

E
Estouro 97
Exponenciação 36, 37

F
Faixa de Opções 27-29, 38
Ferramentas contextuais 29
Fonte 48, 55, 148, 201, 202

G
Grades 53, 151
Grupos 29, 31, 38
Guias 28, 29, 32, 38

I
ÍMPAR 78
Iniciador de Caixa de diálogo 31
INT 75, 76

L
LOG 77
LOG10 77
Lotus , 22, 23

M
MAIOR 83
MÁXIMO 68, 85, 86
MÉDIA 67, 84, 85
MENOR 84
MÍNIMO 68, 86, 87
MOD 77

N
Nova interface 15, 25, 27

O
Origem 58, 80, 92, 97, 98

P
PAR 78
PI 78
Prioridade 37

Q
Quattro Pro 23

R
Relativa 59, 97, 98
Robert Frankston 22
ROMANO 79

S
Salvar 41, 42, 183, 185, 198, 204
SE 57, 65-69, 81, 82, 97, 112
SOMA 43, 44, 67, 79
SOMASE 82, 83, 110, 111

T
TRUNCAR 76, 77

V
VisiCalc 22
VisiCorp 22

W
Windows 23, 26, 58